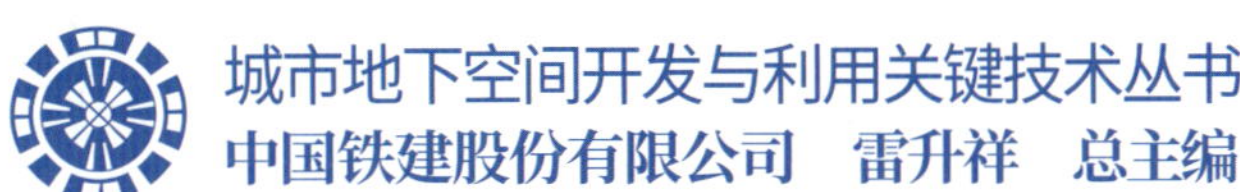

城市地下空间开发与利用关键技术丛书
中国铁建股份有限公司　雷升祥　总主编

国家重点研发计划项目　编号：2018YFC0808700　2018YFC0808702

INVESTIGATION AND ANALYSIS OF UNDERGROUND SPACE IN JAPAN

日本地下空间考察与分析

雷升祥　丁正全　赵飞阳　编著

人民交通出版社股份有限公司
北京

序

INTRODUCTION

地下空间开发与利用是生态文明建设的重要组成部分，是人类社会和城市发展的必然趋势。城市地下空间开发与利用是解决交通拥堵、土地资源紧张、拓展城市空间和缓解环境恶化的最有效途径，也是人类社会和经济实现可持续发展、建设资源节约型和环境友好型社会的重要举措。

我国地下交通、地下商业、综合管廊及市政设施在内的城市地下空间开发，近年来取得了快速发展。建设规模日趋庞大，重大工程不断增多，技术水平不断提升，前瞻性构想也在不断提出。同时，在城市地下空间开发与利用及技术支撑方面，也不断出现新的问题，面临着新的挑战，需通过创新性方式来破解。针对地下工程中的科学问题和关键技术问题系统开展研究和突破，对于推动城市地下空间建造技术不断创新发展至关重要。

在此背景下，中国铁建股份有限公司雷升祥总工程师牵头，依托"四个面向"的"城市地下大空间安全施工关键技术研究""城市地下基础设施运行综合监测关键技术研究与示范"和"城市地下空间精细探测技术与开发利用研究示范"三个国家重点研发计划项目，梳理并提出重大科学问题和关键技术问题，系统性地开展了科学研究，形成了城市地下大空间与深部空间开发的全要素探测、规划设计、安全建造、智能监测、智慧运维等关键技术。

基于研究成果和工程实践，雷升祥总工程师组织编写了"城市地下空间开发与利用关键技术丛书”。这套丛书既反映先进发展理念，又有关键技术及装备应用的阐述，展示了中国铁建在城市地下空间开发与利用领域的诸多突破性成果、先进做法与典型工程案例，相信对我国城市地下空间领域的安全、有序、高效发展，将起到重要的积极推动作用。

深圳大学土木与交通工程学院院长
中国工程院院士
2021 年 6 月

序 | INTRODUCTION

2017 年 3 月 5 日，习近平总书记在参加十二届全国人大五次会议上海代表团审议时指出，城市管理应该像绣花一样精细。中国铁建股份有限公司深入贯彻落实总书记的重要指示精神，全力打造城市地下空间第一品牌。2018 年以来，中国铁建先后牵头承担了“城市地下大空间安全施工关键技术研究”“城市地下基础设施运行综合监测关键技术研究与示范”“城市地下空间精细探测技术与开发利用研究示范”三项国家重点研发计划项目，均为“十三五”期间城市地下空间领域的典型科研项目。为此，中国铁建组建了城市地下空间研究团队，开展产、学、研、用广泛合作，提出了“人本地下、绿色地下、韧性地下、智慧地下、透明地下、法制地下”的建设新理念，努力推动我国城市地下空间集约高效开发与利用，建设美好城市，创造美好生活。

在城市地下空间开发领域，我们坚持问题导向、需求导向、目标导向，通过理论创新、技术研究、专利布局、示范应用，建立了包括城市地下大空间、城市地下空间网络化拓建、深部空间开发在内的全要素探测、规划设计、安全建造、智能监测、智慧运维等成套技术体系，授权了一大批发明专利，形成了系列技术标准和工法，对解决传统城市地下空间开发与利用中的痛点问题，人民群众对美好生活向往的热点问题，系统提升我国城市地下空间建造品质与安全建造、运维水平，促进行业技术进步具有重要的意义。

基于研究成果，我们组织编写了这套“城市地下空间开发与利用关键技术丛书”，旨在从开发理念、规划设计、风险管控、工艺工法、关键技术以及典型工程案例等不同侧面，对城市地下空间开发与利用的相关科学和技术问题进行全面介绍。本丛书共有 8 册：

1.《城市地下空间开发与利用》

2.《城市地下空间更新改造网络化拓建关键技术》

3.《城市地下空间网络化拓建工程案例解析》

4.《城市地下大空间施工安全风险评估》

5.《管幕预筑一体化结构安全建造技术》

6.《日本地下空间考察与分析》

7.《城市地下空间民防工程规划设计研究》

8.《未来城市地下空间发展理念——绿色、人本、智慧、韧性、网络化》

这套丛书既是国家重大科研项目的成果总结，也是中国铁建大量城市地下空间工程实践的总结。我们力求理论联系实际，在实践中总结提炼升华。衷心希望这套丛书可为从事城市地下空间开发与利用的研究者、建设者和决策者提供参考，供高等院校相关专业的师生学习借鉴。丛书观点只是一家之言，限于水平，可能挂一漏万，甚至有误，对不足之处，敬请同行批评指正。

雷升祥

2021 年 6 月

前言 FOREWORDS

我国是世界上城市地下空间开发速度最快、规模最大、技术最复杂的国家，2016—2019 年以城市轨道交通、综合管廊、地下停车为主导的城市地下空间开发每年以超过 1.5 万亿元投资规模的速度增长，“十三五”期间，全国地下空间开发直接投资总规模约 8 万亿元。然而，随着我国城镇化水平不断提高，城区面积急速扩张，城市中心区建筑密度增加、交通拥堵、城市环境污染、土地资源紧张、城市特色风貌丧失等“城市病”问题日益困扰着城市的和谐与可持续发展。

当前，我国城市地下空间开发与利用存在着规划落后于建设实践、连通性及系统性不足等诸多问题，在现状条件下新的建设理念、建设规模、建设难度等对地下空间开发提出了更高的要求，如处理不当将对城市公共安全造成极大威胁。而我国在城市地下大空间建造领域尚存在着重大风险耦合演变机理不清、技术不够成熟、缺乏系统的施工风险防控与应急预案等问题，对深部地下空间开发和地下基础设施安全运维等方面的关键技术有待深入研究。因此，国家层面布局了城市地下空间领域的重大科研项目，中国铁建股份有限公司先后牵头承担了“城市地下大空间安全施工关键技术研究”“城市地下基础设施运行综合监测关键技术研究与示范”“城市地下空间精细探测技术与开发利用研究示范”项目，均为“十三五”期间城市地下空间领域的重点研发计划项目。随着这些科研项目的实施、研究成果的转化应用，对有效解决城市地下空间开发与利用中的痛点问题，提升我国城市地下空间建造品质、安全建造和运维水平，具有重要的促进作用。

20 世纪初以来，发达国家的交通和市政公用设施大力转向地下和集约化方向发展，日本是亚洲最早开展地下空间建设实践与研究的国家，其地下空间的开发历经 100 多年，逐步从最初较为粗放无序，走向依法有序的开发与利用；从最初的浅层空间利用，逐步向深层地下空间进军。对日本地下空间开发与利用的经验、教训进行研究与借鉴，对提升我国城市地下空间开发与利用水平具有重要作用。

“他山之石，可以攻玉”。为了深入了解日本在城市地下空间开发理念、规划思路、建造水平、技术工艺、风险控制、运维管理等方面的先进经验，更好地推进重点研发计划项目的实施，提升我国城市地下空间开发与利用技术水平，应日本埼玉大学党纪教授邀请，2019 年中国铁建研发团队分两批次赴日本进行考察与交流。期间，考察团队重点考察了日本东京新宿地下空间、东京八重洲地下空间、名古屋“荣”地下空间、京都站前地下空间、东京六本木地下空间、大阪钻石街地下空间、东京丸之内 CBD 地下空间、涩谷站地区地下空间、大阪长堀地下空间、横滨线横滨站地下空间等典型地下空间案例，交流学习了日本地下空间发展的历史沿革、规划理念、新建与更新改造技术、环境营造技术等。

本书系统介绍了赴日本考察情况、典型工程案例及感想，谢雄耀、周彪、卢永堂、向贤华、李庆、陈健、王庆祝、王华伟、李秀东、刘延龙等考察团队成员提供了相关资料，埼玉大学党纪教授、早稻田大学岩波基教授、名古屋工业大学张锋教授、GRI 研究所桥本所长提供了帮助，作者谨此表示诚挚的感谢！

希望本书对城市地下空间研究者能够提供借鉴和帮助，但因考察时间有限，对有些问题了解不够、分析不透，不足之处在所难免，敬请批评指正！

作　者

2021 年 6 月

目录 CONTENTS

考察背景

INVESTIGATION BACKGROUND

1.1 我国城镇化进程及城市地下空间发展现状

1.2 日本城市地下空间主要应用场景

1.3 考察目的及内容

INVESTIGATION AND ANALYSIS OF UNDERGROUND SPACE IN JAPAN

01

我国城镇化进程及城市地下空间发展现状

我国国土总面积约 960 万 km^2，第七次全国人口普查我国总人口为 14.1178 亿，其中城镇人口 9.0199 亿，占 63.89%。但我国城镇人口布局极不均衡，据统计，截至 2019 年底，市辖区户籍人口超过 100 万的城市有 147 个，超过 300 万的城市有 30 个，其中超过 1000 万的超大城市有 6 个，500 万到 1000 万的特大城市有 10 个，300 万到 500 万的大型城市有 14 个。大量人口的聚集对大城市的空间承受能力提出了全新的考验，也带来了“城市病”。

第七次全国人口普查

居住在城镇的人口为 90199 万人

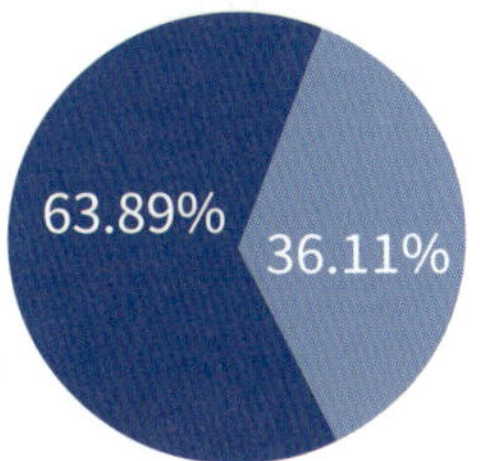

居住在乡村的人口为 50979 万人

1. 土地资源紧张

城市化进程的加快，使城市占用土地面积迅速增长并向周边扩张，严重挤压耕地资源，如北京城区面积 2000 年至 2009 年增加了 4 倍，深圳城区面积自 2000 年起 10 年之内增幅达到 5 倍之多。反过来，土地资源紧张严重挤压城市发展空间，并使大城市的竞争力趋于降低。

2. 人口稠密

一线城市 2020 年人口统计分别为：上海 2487.1 万人、北京 2189.3 万人、广州 1867.7 万人、深圳 1756 万人。第七次全国人口普查显示，新一线城市常住人口总量达到 19725.4 万，已逼近 2 亿大关，较 2010 年的 15783.3 万增长了 24.98%。新一线城市包括重庆、成都、天津、西安、苏州、郑州、武汉、杭州、东莞、青岛、长沙、佛山、宁波、南京和沈阳 15 座城市。近 10 年，新一线城市常住人口快速增长，新兴产业发展、强省会战略、合并代管、放开落户、产业迁移、高铁发展等均是重要原因。

随着大量人口涌入城市，造成大城市人口聚集程度急速增加。人口的过度聚集造成对公共资源的需求量急剧增大，一方面明显限制了城市内在功能的调节，严重制约城市资源配置优势发挥；另一方面，人口的大量聚集反向引起包括土地资源、人居环境、公共服务等问题的加剧，造成“城市病”集中爆发。

3. 交通堵塞及潮汐交通

随着大城市汽车保有量的大幅增加，导致大城市城区车流量急剧增高，引起严重的交通堵塞。同时，因城市整体空间布局的不合理性，引起城市居民工作与居住的长距离分离，出现典型的潮汐早晚高峰，进一步加剧城市交通拥堵。此外，对应交通堵塞现象随之带来诸如停车难等新的交通问题。

4. 人居环境与公共服务恶化

为了容纳大量涌入的城市人口，缓解由此带来的城市交通压力，大部分的城市空间被建筑物、城市道路所占用，造成城市空间拥挤不堪，而用于园林绿化的绿地、公园等开敞空间因此日益减少，城市处于绿化的“饥荒”状态。此外，公共服务状况未得到根本改善，也成为制约大城市健康发展的严重问题。

5. “热岛效应”显著

城市热岛效应是指由于城市化进程而引起的城市地表及大气温度高于周边非城市环境的一种现象。概而言之，城市热岛效应的产生主要是因快速城市化进程引起的。此外，随着居民生活质量提升，包括大功率电器、汽车尾气等，使得城市成为巨大的发热体，共同造就“热岛效应”日趋显著。

6. 城市内涝严重

近几年来，内陆城市“看海”现象不断，已成为社会痛点，也成为城市建设中亟待解决的技术难题。针对城市内涝问题，加快发展诸如海绵城市、城市防洪排涝工程、地下综合管廊等城市基础设施，有望改善该问题的持续恶化。

针对“城市病”的以上主要“症状”，“对症下药”治疗是其唯一出路。从“城市病”的产生原因来说，其核心在于大城市功能聚集过度，“病根”是聚集与扩散关系的失衡。因此，如何有效实现功能、人口、产业、资源疏解成为其核心工作。[1]

[1] 雷升祥，等. 城市地下空间开发利用现状及未来发展理念 [J]. 地下空间与工程学报，2019，15(4)：965-979.

从疏解角度出发，寻求更多的城市空间并进行必要的资源优化配置是其核心要务。但仅仅采用“摊大饼”式的外延扩张，实际上属于被动式空间延展，反向导致中心城区的资源进一步集中，并将加剧“城市病”的发生。

向地下发展是有效缓解“城市病”的重要手段。地下空间的有效开发与利用将承担地表空间诸多功能，极大地释放地表空间的资源，是攻克中心城区“城市病”的重要手段，将成为人口稠密型国家未来城市发展的必然选择。事实上，我国各特大、大型城市也正在探索开展地下空间开发与利用。

进入21世纪，我国城市地下空间开发快速增长，体系不断完善，特大城市地下空间开发总体规模和速度已居世界同类城市前列，对提高城市空间容量、缓解交通、保护地面环境做出了重要贡献，包括：地下交通设施建设取得巨大发展成就；城市大型地下综合体建设项目多、规模大、水平稳步提高；地下空间总量增长迅速，节约了城市建设用地，扩大了城市空间容量；内部环境质量和舒适性迈上新台阶；地下空间的规划、安全建造和管理受到普遍重视。

总体上看，目前我国已经成为世界城市地下空间开发与利用的大国，但还不是强国，仍处于发展阶段，尚存在诸多亟待解决的科学和技术问题。与发达国家比，主要有以下几方面不足：

1. 发展不平衡，对地下空间利用的认知不足

东西部地区城市地下空间开发差距巨大，二三线城市地下空间统筹规划、开发规模、建设运营水平及公众认知度较低。因此，树立前瞻性思维，统筹规划设计是未来城市地下空间利用的重要命题。

2. 地下空间利用形式单一，开发布局分散

目前，城市地下空间开发与利用涉及人防、建设、市政、环保、电力、交通、通信等诸多部门。由于各部门之间对地下空间利用无统一规划，因此，各部门在开发、管理中呈现各自为政的“九龙治水”状态，往往根据其所管辖范围进行针对性开发。因此，对城市地下空间资源开发与利用进行有序管控、合理布局、统筹安排，是未来城市地下空间开发与利用的根本要求。

3. 地下空间开发缺乏分层，地上地下协调不够

目前，城市地下空间开发主要集中在 50m 以浅，且缺少对地下空间分层规划，造成地下交通、市政管线、通信电缆等布局冲突，易导致工程事故发生，严重的将影响地下空间开发与利用。因此，要做到总体把握、统筹协调、规划牵引，对浅部地下空间坚持开发与保护并重、新建与网络化拓建并举，有序开发与利用深部地下空间，将城市地下空间纳入国土资源协调开发与利用很有必要。

4. 城市地下空间开发与利用相关政策与立法滞后

因历史原因，目前我国尚无针对城市地下空间开发与利用管理的专项法律法规，而《城市地下空间开发利用管理规定》尚为部门行政规章，法律效力不足，且该规章部分内容已不适用当前城市地下空间的快速发展，如规划编制审批、规划许可管理、地下空间权属出让等，因条款量化规定不详细，导致对实践指导性不强。因此，出台国家层面的地下空间综合管理法律法规，实现城市地下空间开发统一的管理体制，是近期我国地下空间开发亟待解决的重要问题之一。

针对以上问题，国家层面布局了城市地下空间领域的重大科研项目，中国铁建股份有限公司（简称“中国铁建”）先后牵头承担了“城市地下大空间安全施工关键技术研究”“城市地下基础设施运行综合监测关键技术研究与示范”“城市地下空间精细探测技术与开发利用研究示范”三项国家重点研发计划项目，都是“十三五”期间城市地下空间领域的重大科研项目，对我国城市地下空间开发与利用进行系统研究，以期有效解决“城市病”，为促进我国城市地下空间合理、有序开发与利用，提供技术支撑。

1.2 日本城市地下空间主要应用场景

日本国土狭窄、人口稠密、多山多灾，不得不利用地下空间，是亚洲最早开展地下空间建设实践与研究的国家。日本城市地下空间主要应用场景如下：

1. 地下步行系统

地下步行系统配合地铁换乘点、地下商业中心进行布局，较好地解决了地下交通、商业与地表空间的连接问题，在世界范围内也得到广泛应用。日本东京地下步行系统非常具有代表性，通过地下步行系统将地铁站点、地下停车库、地下商场、地下物流仓储有效串联，实现城市中心资源高度整合，成为大型城市地下交通的重要组成部分。

2. 地下公共停车

城市汽车保有量的快速增加，对停车空间的需求日趋旺盛，使得城市停车难也成为世界各大城市发展的共同问题，大规模的地下停车场对于缓解该问题起到很好作用。日本于20世纪70年代在大型城市系统规划地下公共停车场，有效缓解了地面停车压力。

3. 公共服务设施

随着城市规模的扩大和集约化程度的提升，诸多城市公共服务设施（包括商业、文体娱乐、科教、仓储物流等）转入地下，得到长足发展。以地下商业街为例，目前日本东京建设有地下商业街 14 处，总面积达到 22.3 万m²；名古屋建有 20 多处，总面积为 16.9 万m²；而日本各地大于 1 万m²的地下街达 26 处。

4. 市政公用设施

随着城市集中化程度的提升，对于地下市政公用设施的要求越来越高，出现了“共同沟”，即将市政管网系统（如给排水、污水、电力、通信、供暖、燃气等）集中于同一沟道，以达到提升公用设施管理的高效性与便利性。20 世纪 20 年代，东京在市中心干线道路下修建了第一条地下共同沟，将电力、电话线路、供水、煤气管道等市政公用设施集中在一条沟中。日本政府于 1963 年颁布《关于建设共同沟的特别措施法》，要求在交通流量大、车辆拥堵的主要干线道路地下，建设容纳多种市政公用设施的共同沟，从法律层面给予保障。目前，日本已在东京、大阪、名古屋、横滨、福冈等近 80 个城市修建了总长度达 2057km 的地下共同沟，为日本城市现代化、科学化建设发展发挥了重要作用。此外，日本近年来将垃圾分类收集系统与共同沟建设有机结合，提升了共同沟的有效服役水平及服务寿命。

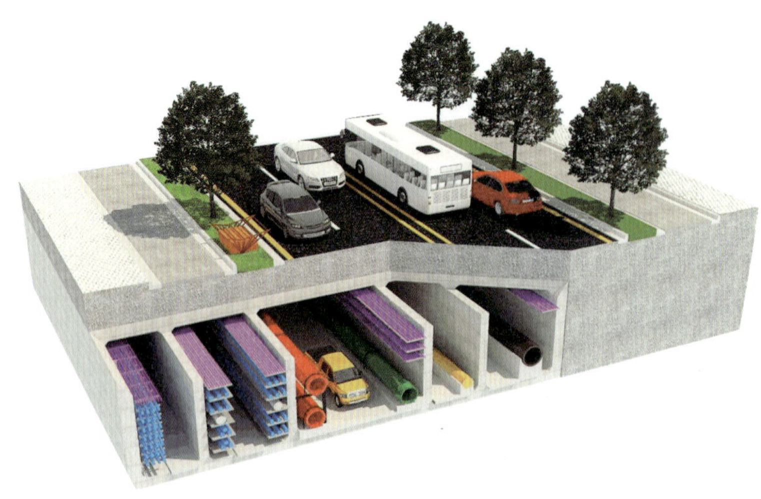

1.3 考察目的及内容

为了解日本在城市地下空间开发理念、规划思路、功能需求、建造水平、技术工艺、风险控制、运维管理等方面的先进经验，更好地推进中国铁建所牵头承担的国家重大科研项目实施，应埼玉大学党纪教授邀请，于2019年由中国铁建总工程师雷升祥负责组织，先后分两批次共13人赴日本进行考察与交流。期间，考察了日本东京新宿地下空间、东京八重洲地下空间、名古屋“荣”地下空间、京都站前地下空间、东京六本木地下空间、大阪钻石街地下空间、东京丸之内CBD地下空间、涉谷站地区地下空间、大阪长堀地下空间、横滨线横滨站等典型地下空间案例，并与埼玉大学党纪教授、早稻田大学岩波基教授、名古屋工业大学张锋教授、GRI研究所桥本所长等各界知名专家学者交流了日本地下空间发展的历史沿革、规划理念、新建与更新改造技术、环境营造技术等。

通过考察，团队成员体会及感悟深刻，形成了详细考察报告，并进行了系统分析与总结。

02 日本地下空间发展概况

DEVELOPMENT OF UNDERGROUND SPACE IN JAPAN

INVESTIGATION AND ANALYSIS OF UNDERGROUND SPACE IN JAPAN

02

2.1 发展历程

1. 日本概况

日本人口密度大，土地资源匮乏。总人口约 1.27 亿，面积 37.8 万 km^2，山地、丘陵、平原面积分别占国土面积的 65%、11%、24%。

日本全国共分 47 个一级行政区，包括一都（东京都）、一道（北海道）、二府（大阪府、京都府）、四十三县，其下再设立市、町、村。由于市级行政区范围较小，日本较早提出“都市圈”概念，并对都市圈进行统一规划和跨区域联合治理。

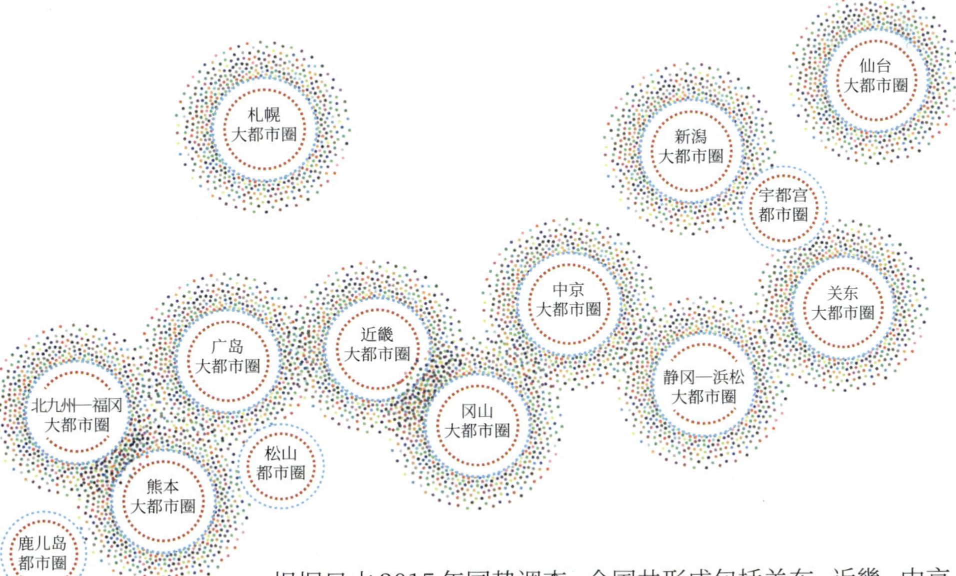

根据日本 2015 年国势调查，全国共形成包括关东、近畿、中京、札幌、仙台、新潟、静冈—浜松、冈山、广岛、北九州—福冈、熊本 11 个大都市圈，以及松山、鹿儿岛、宇都宫 3 个都市圈。

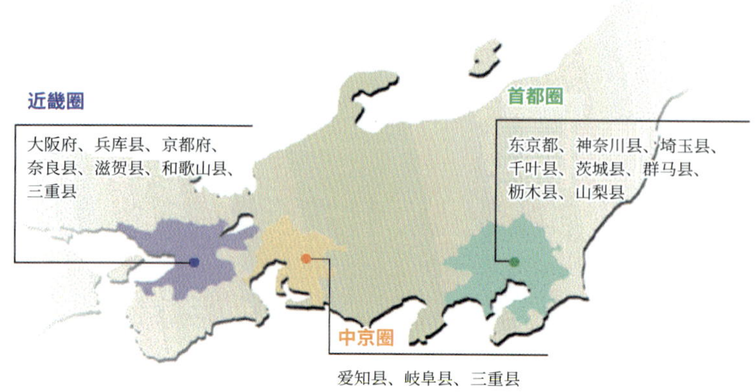

结果显示，受地理条件因素影响，人口、产业和经济活动主要集中于东京—横滨、大阪—神户、名古屋—东海道、福冈—北九州等大都市圈及其绵延区域，并形成东京—名古屋—大阪—福冈沿太平洋经济带的格局，集中了全国70%的人口，其中尤以东京都市圈最为突出，人口达到3700万，是全球人口规模最大的都市区之一。

日本是地下空间开发规模最大的国家之一，地下空间的发展和繁荣，其根源是为了应对和解决人多地少、人口分布过于集中的矛盾。

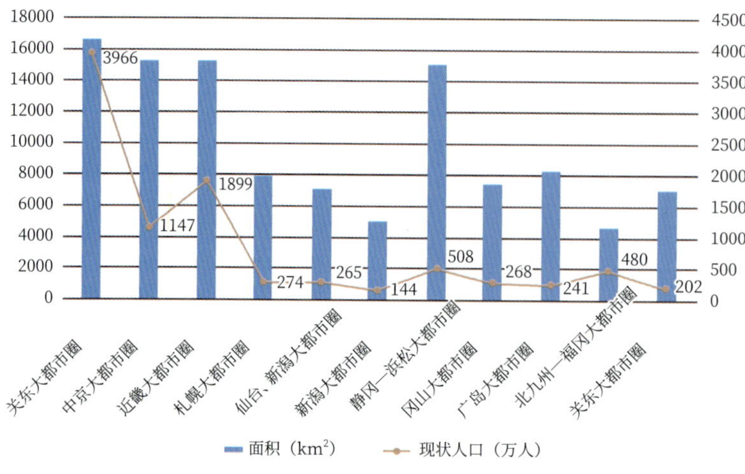

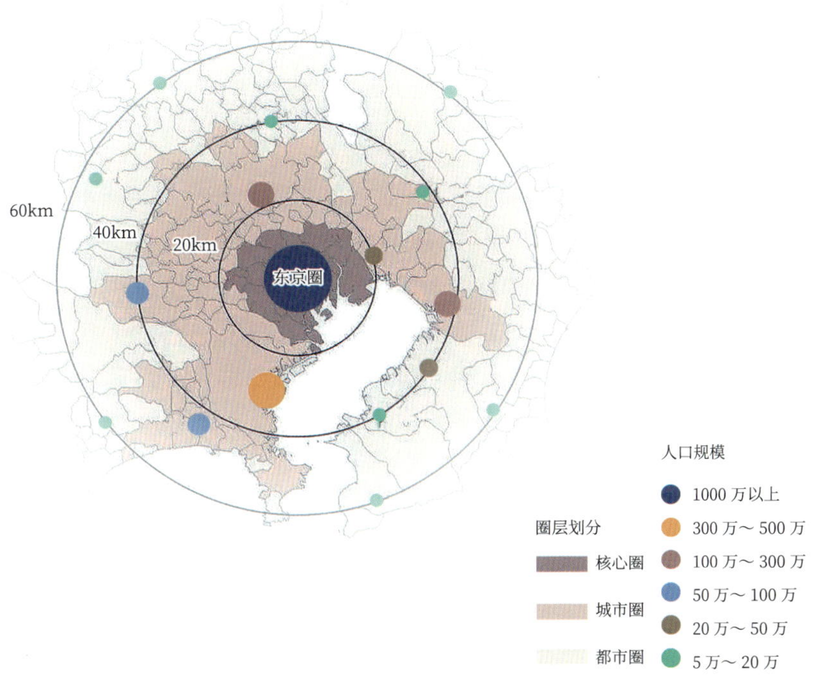

2. 地下空间发展阶段

日本从 19 世纪末开始进行地下空间开发与利用，可分为以下四个阶段。

❖ 第一阶段：技术学习阶段（19 世纪末至 20 世纪 20 年代初）

1870 年在英国指导下，日本建设了第一条铁路隧道——石屋川隧道，开启了地下空间开发与利用的大门。这一时期的地下空间开发与利用比较少，规模较小，法律规范还处于萌芽状态。19 世纪末，日本完成了产业革命，人口向城市聚集，开始在城市地下铺设下水道，并颁布了《水道条例》。随后又颁布了《民法典》，为地下空间的权属提供了法律基础。20 世纪 20 年代，在地震灾害重建过程中，提出了修建地铁和共同沟的建议，将通信、照明、水管、燃气管道铺设于共同沟，但还没有制定相应的法律规范。

碓冰隧道（1892 年）

❖ 第二阶段：初步发展阶段（20世纪20年代末至20世纪40年代）

1927年日本修建了第一条地铁线路，位于东京上野与浅草之间，长2.2km；1930年日本在东京须田町建设了第一条地下街。这一时期的地下空间开发与利用以地铁系统为骨架，围绕车站进行开发延展地下网络，法律得到基本完善。

东京地铁线路（上野—浅草）施工现场

❖ 第三阶段：高速发展阶段（20世纪50年代至20世纪90年代）

20世纪50年代，日本经济迅速发展，人口向城市集中，交通拥挤、土地资源短缺等城市问题不断显现，开始大规模推进地铁、地下街和共同沟建设。1963年，颁布了《共同沟法》，1966年，修订了《不动产登记法》。1980年静冈黄金地下街火灾加速了地下防灾立法，并颁布了《有关地下街使用的通知》，对建设地下街提出了多项限制性规定。1986年，又对先前的通知进行了部分修订，放宽了限制，这一时期大量建设了共同沟、地铁、地下街、停车场。至20世纪90年代，奠定了今日的地下空间规模与形态。

地下街

❖ 第四阶段：发展减缓阶段（20世纪90年代至今）

这一时期的管理与法律建设相对完善，交通、市政、物流等逐步实现系统化、深度化、综合化。成立"道路地下空间活用研究会"，重点开展道路地下空间规划管理、改革立法、新技术开发等研究。1995年，颁布了《临时深度地下空间调查会设置法》，设立了"临时大深度地下利用调查研究会"，并形成了大深度地下利用研讨的法制体系。2000年，颁布了《大深度地下空间公共使用特别措施法》。2001年以后，成立国土交通省，统一管理地下空间开发与利用问题，这标志着地下空间开发与利用综合立法正式完成，也开始形成综合性的深部地下空间开发与利用格局。目前，日本主要研究方向是50～100m深的地下空间开发与利用。

青函隧道（吉冈工区）

首都高速中央环线新宿线山手隧道

日本地下空间发展（1870—1998 年）

年代（年）	地下空间利用	相关技术
1870	石屋川隧道（长 68m）	第 1 条铁路隧道（英国人指导）
1873	地下天然气管（横滨）	
1879	逢坂山铁路隧道（长 664m）	第 1 条日本人独立修建的隧道
1880	栗子公路隧道	首次采用凿岩机
1892	琵琶潮运河长等山隧道	第 1 条真正的现代隧道
1902	人工填海中沉箱结构（横滨）	移动式沉箱
1903	地下输电线（东京）	
1914	生驹隧道	复线铁路隧道
1920	折渡隧道	人工挖掘敞开式盾构（直径 7.36m，混凝土片衬砌）
1921	井面地下发电所（300kW）	日本第 1 座地下发电厂，天然地下空洞利用
1925	共同沟（东京九段）	
1926	地下通信电缆（东京）	
1927	地铁（东京上野—浅草）	第 1 条地铁（明挖开槽法）
1932	东京须田町地下商店	第 1 条地下街
1934	丹拉隧道（长 7.8km）	水泥注浆，机械切削盾构，铸铁拼装式衬砌，压气止水
1935	大阪安治川隧道	采用河底沉管法
1942	关门铁路隧道（长 3.6km）	世界第 1 条海底隧道，采用敞开式盾构辅之以压气法
1943	地下水电厂（北海道雨浓，51MW）	第 1 座人工开挖地下发电厂
1953	关门公路隧道	降水井点施工法，顶棚盾构（半圆盾构）钻车
1957	营团地铁丸内线	顶棚盾构（半圆盾构）首次用于城市隧道
1960	地下停车场（东京日比谷）	冻结施工法
1960	名古屋地铁	人工挖掘式圆形盾构首次用于城市隧道（直径 6.56m）
1966	东京下水道	日本首台土压平衡盾构（直径 2.7m）
1967	地下输电线（东京深川）	泥浆土压平衡盾构（直径 3.1m）
1967	盐岭隧道	新奥法施工
1968	LPG 地下库（低温常压式，北海道苫小牧）	泥浆土压平衡盾构（直径 7.29m）
1970	新六甲隧道（长 16.2km，神户）	
1980	大清水隧道（长 22.2km）	世界陆上最长隧道
1988	青函海底隧道（长 53.9km）	世界最长隧道，新奥法，TBM，衬砌外降水法，化学灌浆止水
1988	神奈川共同沟	世界上首台盾构隧道衬砌全自动拼装机器人
1997	东京湾横断道路（隧道长 9.5km，直径 14.14m）	日本第 1 条公路盾构隧道、最大直径泥浆土压平衡盾构，世界第 2 长海底盾构隧道，
1998	博多地下通道	世界首台二连式盾构实用化

3. 地下空间分类

地下空间基于不同方面的考虑，如按深度、建造方式、结构形式、项目规模、区位、功能和使用用途等，可被划分成不同类别。基于深度的不同，地下空间一般可分为深层空间和浅层空间。一般而言，深层空间是指地下 50 ～ 100m 范围。人工建造的地下空间，除部分设施外，大多为浅层地下空间，如地下商业街、地下停车场等大多为地下 10 ～ 30m。人类在城市地区的活动空间无论是地上还是浅层地下都是十分有限的。

东京地铁隧道最大深度变化（1935—2002 年）

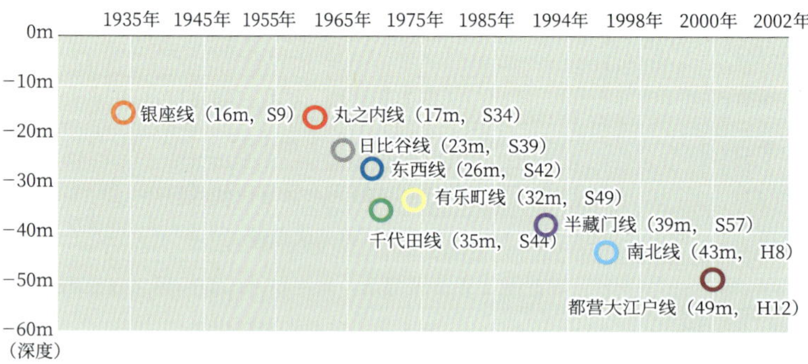

地下空间还可根据功能和用途分类。

类　型	小　类
交通设施	地铁、铁路隧道、高速公路隧道
商业与文娱设施	地下街、观光设施、文化设施、体育设施
市政设施	发电厂、供电管道、给排水管道、洪水控制设施
其他	宗教场所、科学实验场所、贮存场所等

从地下空间利用功能来看，交通设施占比过半。目前，日本地下空间开发总规模约为1600万m^3，其中交通设施占比最高，为55%，主要包括地铁、铁路隧道、高速公路隧道等；其次为商业与文娱设施，占比37%，主要为地下街、展览馆、体育馆等；再次为市政设施占比7%，包括发电厂以及供电、给排水等各种管道设施。

此外，进一步分析商业文娱设施的构成，发现交通设施仍占据很大比例。以商业街为例，日本的商业街按是否配置停车场分为两类，其中配置停车场的地下商业街中，停车场所占面积比重为42%，占比最高；其次为公共通道面积占比为23%；商铺面积占比为19%，并不算高。

无论是从地下空间大类功能来看，还是从各类空间内部具体面积分配来看，都可发现日本地下空间开发的最重要目的是疏解地面交通，发展商业等功能为附属。

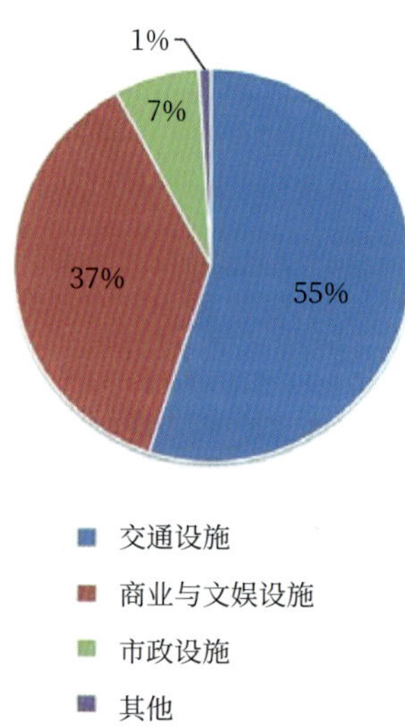

4. 典型应用场景

东京是日本地下空间利用较早和较系统的城市，日本的第一条地铁和早期的地下商业街就是在东京建成的。目前，东京的23个区均设有地下公共设施，设施种类繁多，工程技术特点鲜明，技术经验丰富。

随着浅层地下空间变得越来越拥挤，新设施的安装深度也越来越深。特别是在大城市地区，有些项目的地下深度为 40m 以上。

下水道隧道

大阪市·十八条—西岛下水道干线

东京都内地面景观

地下河隧道

神田川·环市七号线地下调节地

49m

都营大江户线：饭田桥站—春日站

0m
10m
20m
30m
40m
50m
60m
70m
80m

JR 东西线 / 大阪市：淀川桥下隧道

地下输电隧道

输水管道

地下燃气隧道

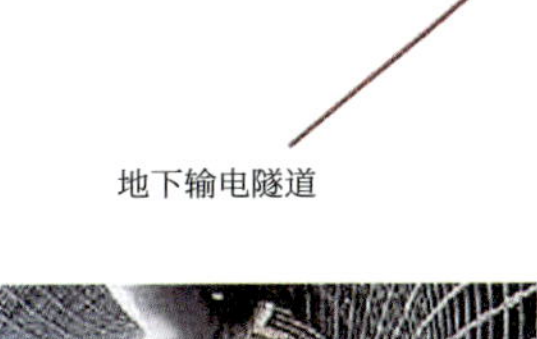

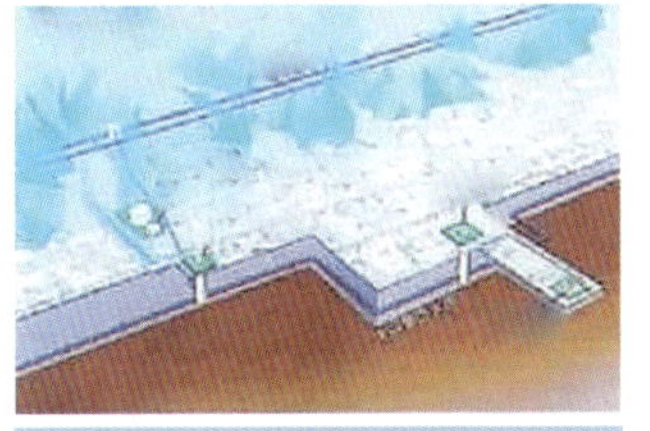

神户市

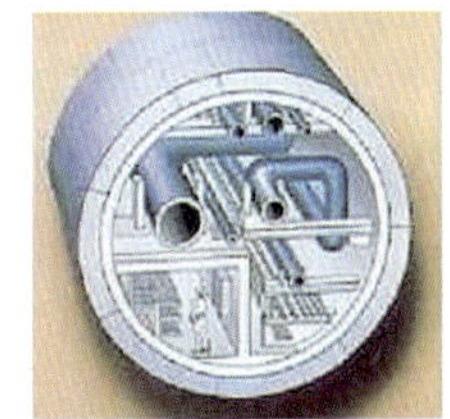

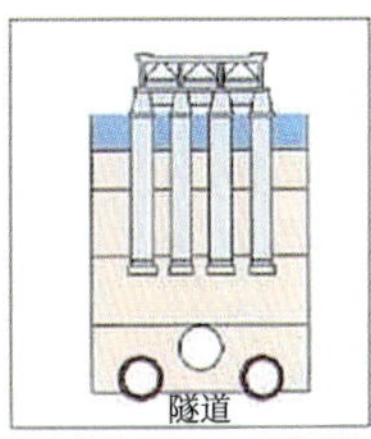

桥下隧道示意图

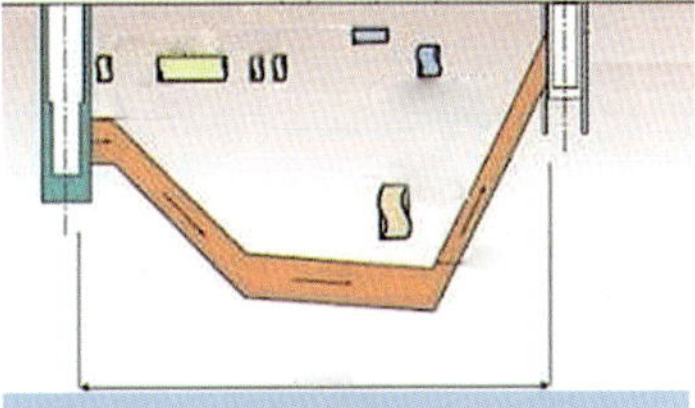

关西电力（株式会社）大阪市：西梅田附近

东京燃气（株式会社）横滨市：扇岛

地下空间设施利用从早期的铁路、公路隧道，地铁车站开始，随着经济的腾飞，逐步将停车场、步行街、市政供给系统移入地下，对促进城市土地集约化、立体化发展起到了关键作用。

东京 23 个区主要地下公共设施

设施类型	设施名称	规　模	内容摘要
步行系统	地下街	13 处 22.6 ha	最大规模的为八重洲地下街 面积中含地下停车场
	自行车停车场	7 处 存车 12550 辆	规划建 24 处 存车 27870 辆
汽车系统	停车场	31 处 存车 11146 辆	规划建 37 处 存车 11868 辆
轨道系统	地铁	12 处 254.9km	规划建 12 条线路 350.5km
供给处理系统	共同沟	116km	建设省管理约 103km 东京都管理约 13km （临海副都心除外）
	地下河川	2km	总体规划约 30km 建设中的 5.7km（神田川、白子川）

❖ 地下河川

为防洪和便于城市排水，东京修建了地下河川，并兼作地下贮水池使用。地下河川贯穿东京城，直径达 10 ～ 12.5m，深度为地下 40m，长 30 多公里，建成后可应对 75mm/h 的降雨量。

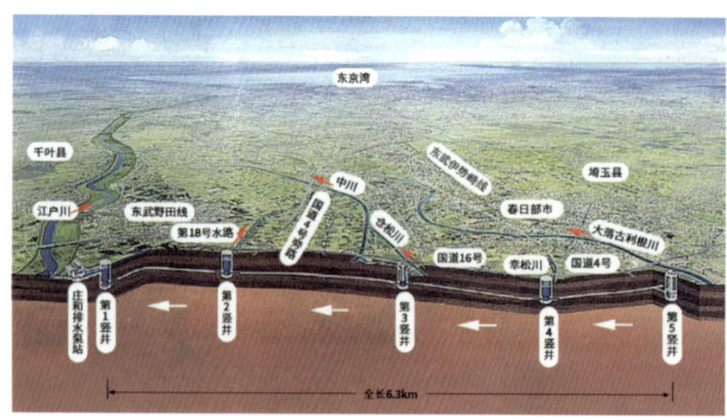

❖ 高速道路

为减轻东京城市中心交通压力，连接涩谷、新宿、池袋三个副都心，修建了长 24km 的环状高速道路。市内线为埋深 20 ～ 40m 的地下隧道式环状道路，4 车道，地下 11km，设计速度 60km/h，穿越建筑与人口最密集区，为世界所罕见，其中 70% 采用盾构法建造，并首次采用了回头 (180°转弯) 挖掘施工技术。

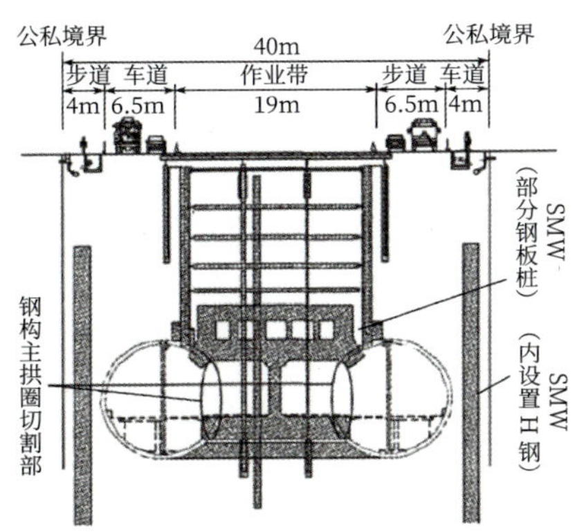

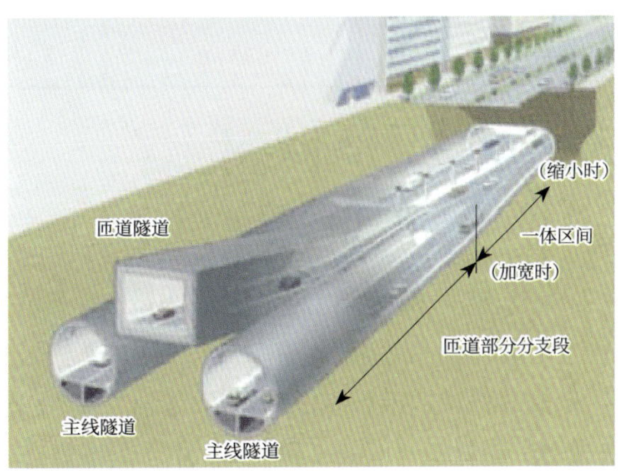

◆ 共同沟

东京最重要的共同沟分布在日比谷、麻布、青山三个区域。其中日比谷是中央政府各部门集中地，需要确保电力、通信、给排水等公共服务设施安全。共同沟内布设了电力线路、电信光缆、给排水管道、燃气管线及交通信号灯、路灯系统电缆，共同沟现代化程度高。

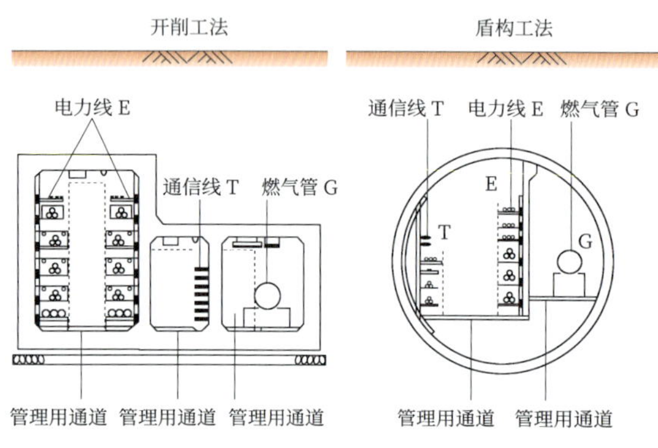

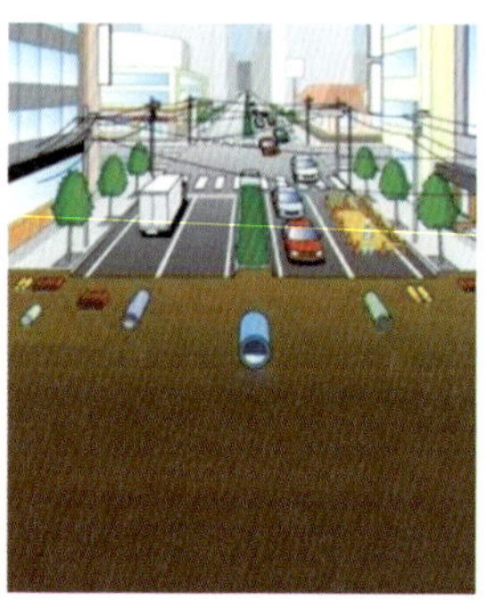

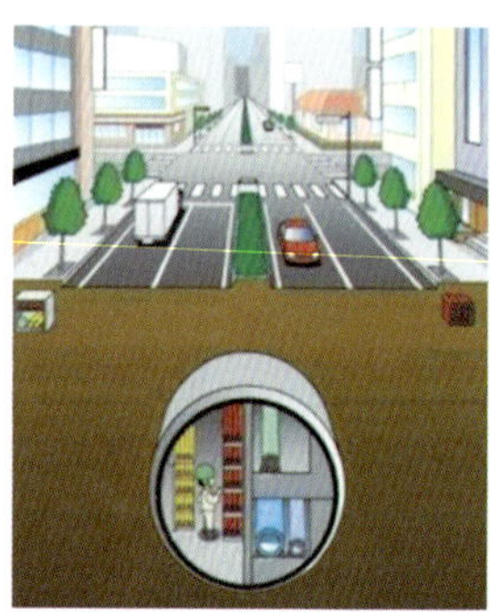

位于东京国道的管道

（东京的直辖国道 161.2km）

管　　线	总延长 (km)	每公里道路埋设延长 (km)
电报电话	2684.1	16.7
电	1660.7	10.3
燃气	325.9	2.0
自来水道	364.6	2.3
下水道	315.7	2.0
合计	5351.0	33.3

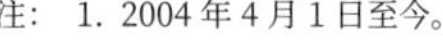
注：1. 2004 年 4 月 1 日至今。
2. 总延长是指道路下管道的总延长。
3. 不含各户引入管道。

日比谷地下共同沟位于地面以下 30m，全长 1550m，直径 7.5m，采用盾构法施工。在核心区域的日本桥、银座、上北泽、三田等地也建有地下共同沟。在临海副都心的共同沟建设过程中，更是集中了上水、下水、垃圾回收、电力、通信、燃气和集中供暖等几乎所有市政管路。在东京市区干线道路下修建的共同沟总长近 120km。

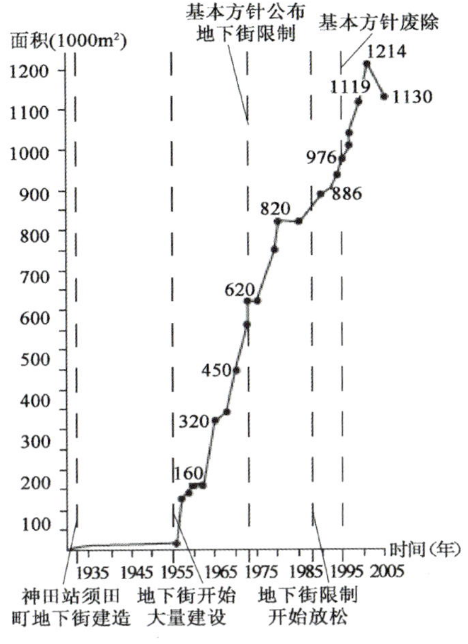

❖ 地下街

日本最初建设的地下街目的是解决地面交通拥堵问题，收纳地面无序营业的摊贩。战后的日本经济发展迅速，在城市更新、改造和再开发的宏观背景下，地下街迅速发展，初期主要是结合地铁站开发，形成集地下停车场、通道和商业于一体的地下街，目的是置换地面部分功能，优化地面空间环境。随着地铁的发展，带来了巨大人潮，地下街的商业优势开始显现，例如东京八重洲地下街等。

日本典型地下街

名　　称	位置	运营时间（年）	规模（m²）	说　　明
八重洲地下街	东京	1966	64000（3 层）	地下空间与东京车站和周边 16 个大型公共建筑连通，建设之初空间环境较差，公共区域的装饰稍显落后，但在随后的整修中得到了很大的提升
梅田地下街	大阪市北区	1995	40500（2 层）	在地下 1 层，形成地铁车站或大楼与地下人行道相接的人行网络；在地下 2 层形成以公共地下停车场与大楼附带停车场相连接的机动车网络
天神地下街	福冈市	1976	22000	道路型地下街，5 个休闲广场、地下街与 2 个地铁站相连，并与周边数十座公共建筑地下空间连通，形成复杂的地下空间网络，室内装饰统一采用欧洲古典风格
中央公园地下街	名古屋	1978	56000	在公园地下，通过下沉广场与公园和周边设施巧妙联系，将 20 多条公交站点设置在地下一层。大通公园和地下街共同成为名古屋城市立体发展轴
长堀地下街	大阪市中心	1997	81800（地下 4 层）	人车立体分流，地下街有 4 条地铁线穿过，与 3 个车站、大规模的公共空间及下沉广场便捷联系。采用天窗采光，空间内部体现地区文化
横滨未来港 21 世纪站	东京	1997	496000	集交通枢纽、商场、写字楼、公寓、酒店为一体的现代化城市综合体。采用天窗和反射光采光，其设计处处体现着实用和人性化的特点
“荣”综合交通枢纽站	名古屋	2002	地下 3 层、地上 3 层	集交通、休闲、娱乐、购物、信息等多元功能为一体的复合型交通枢纽站，与周边大型公共建筑和地下商业网连通的主题式综合交通枢纽站，人行系统完善，注重节能环保
六本木之丘	东京	2003	760000（地上最高54层，地下 6 层）	集住宅、办公、酒店、商业、文化于一体，整合城市公园、地铁、公路、人行通道，成为多层立体的城市公共空间

2.2 建造技术

1. 地质调查

❖ 三维物理勘探

基于三维化可视化目的，将地质雷达、微动断层扫描和电法勘探结合起来，实现地下 30m 左右的地层构造连续可视化。

❖ 三维探测与测试

为了验证三维物理勘探的可靠性，提升对地下构筑物的可视化技术水平，日本在 2019 年 5 月建立了专用实验场。实验场预设了埋有各种地下构造物的道路，基于激光勘测将地下构造物的类型和状况进行探测，并将数据用三维 CAD 精确再现。该设施向社会开放，作为地质信息三维探测与测试的实验场所。

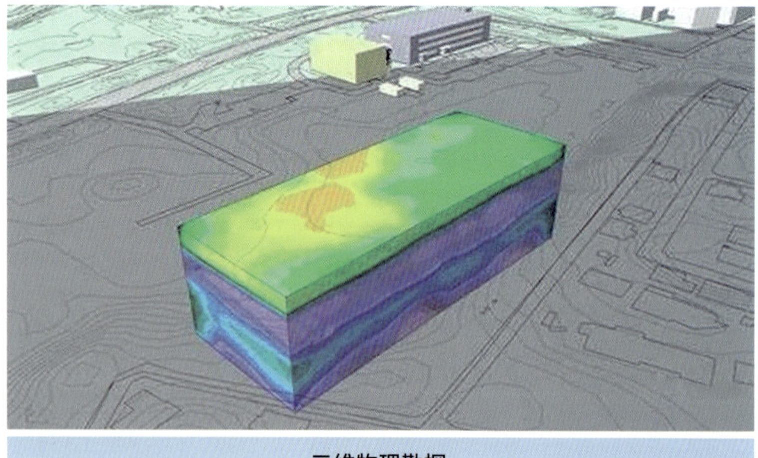

三维物理勘探

2. 装备及工法

新工法应用及新装备研发。

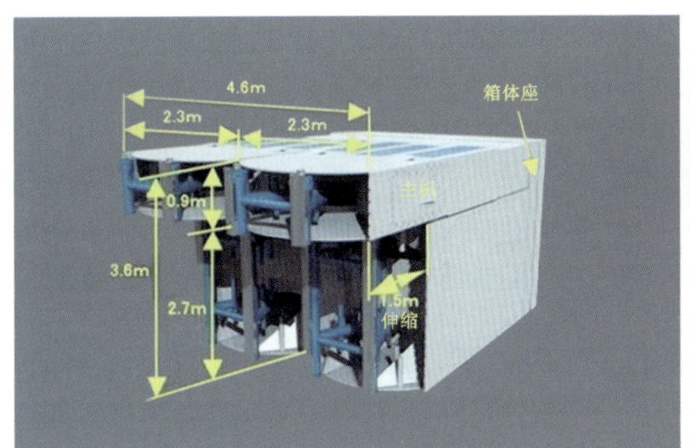

矩形推进工法 (R-SWING 工法)

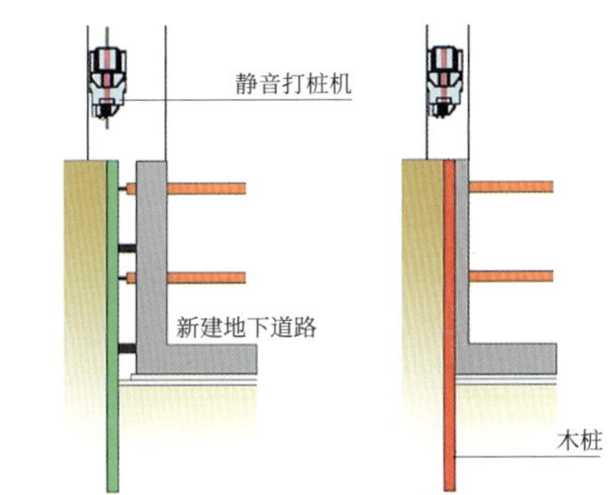

将钢板桩用于挡土墙的施工地下室墙施工方法 (J-WALL II 工法)

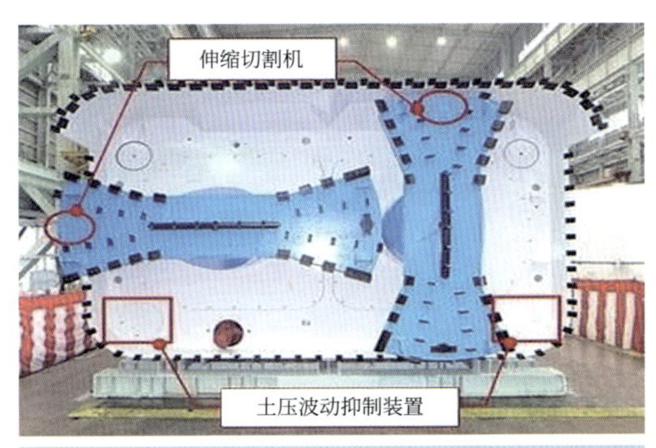

矩形盾构工法（EX-MA 工法）

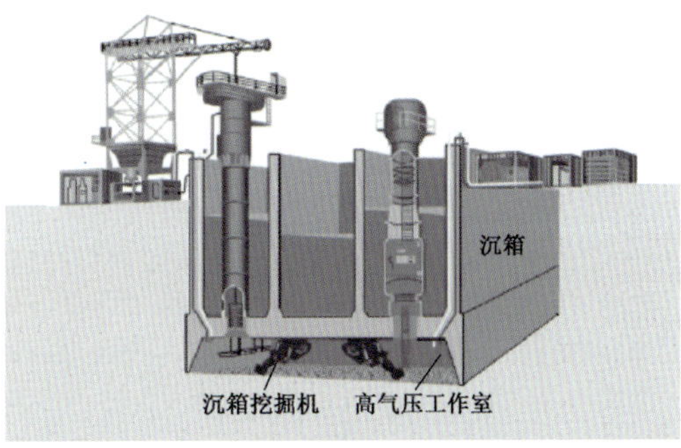

沉箱法

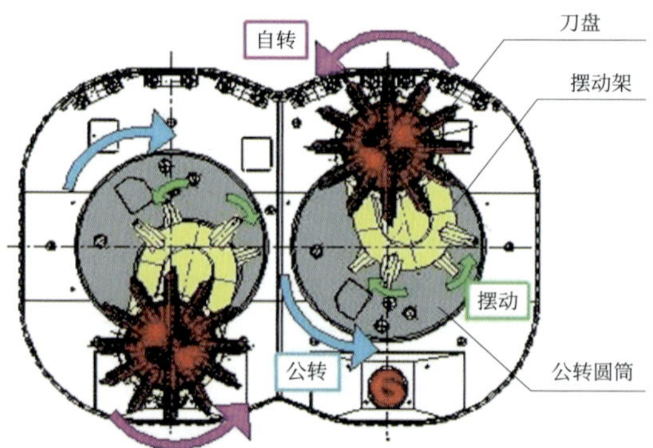

阿波罗切割机工法

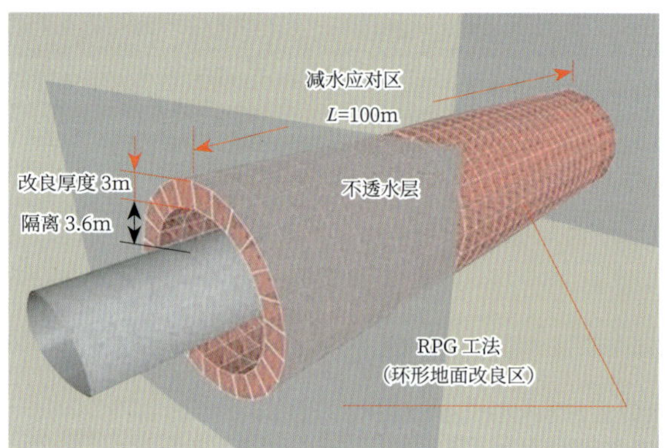

RPG 工法

1. 城市更新改造

城市更新政策的核心是为了实现经济、社会和环境的升级与改变，减缓“城市病”带来的负面影响。日本城市更新始于19世纪末，经历了100多年的发展，已经走过了靠简单土地置换和旧城改造获取资金和资源的阶段，重点转向经济、文化、社会等领域融合发展，对文化更新、城市治理、公共政策、可持续发展等议题更加重视。从目前的趋势来看，日本政府将更加追求质量，提倡基于社会综合效应的空间、经济、社会一体化可持续发展。日本城市更新有如下特点：

❖ 从增量空间建设走向存量空间更新改造

日本地下空间发展从初期的新建为主逐步过渡到对既有地下空间更新改造为主的阶段，地下空间改扩建是拓展城市空间、推动转型升级、引导集约发展的重要手段。

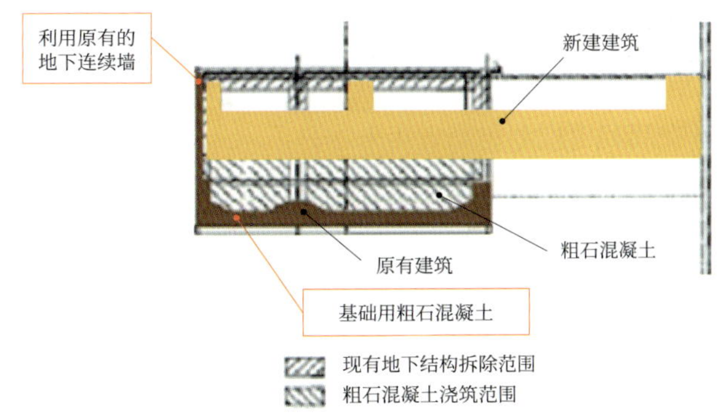

京都市中京区某商业大厦对原有的地下空间进行改建，利用原有的地下连续墙、底板，构筑了一层新的地下商业广场。

❖ 从单一功能到复合功能

改变单一功能，有助于提升城市活力，推动产业、文化、功能的多元化融合。

❖ 从地上为主转到地上地下立体复合

当前城市外延摊大饼式扩容受到成本、社会、交通各方面制约，采用立体复合的开发模式是当下的主流趋势。

❖ 从大拆大建到合理利用既有设施

随着拆迁成本的攀升、社会影响的扩大，以及对文脉延续、社区保护等价值观的重新认知，使得城市建设更多采用对既有设施改造利用方式。

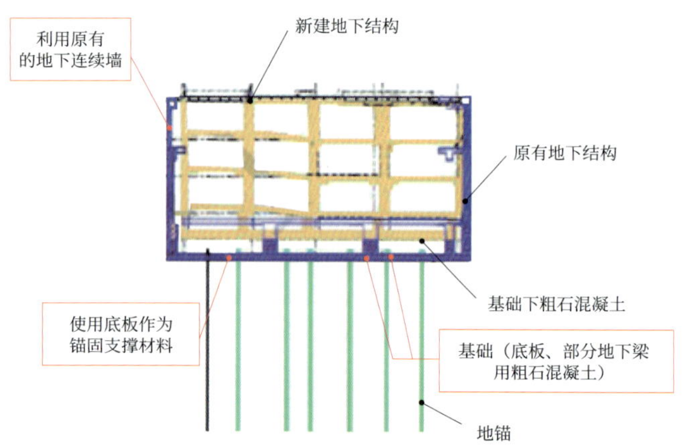

大阪市中央区集合住宅采用同样的施工方法改建，将住宅地下室改建成地下 3 层商业广场。

2. 城市地下空间更新拓建

日本地下空间的利用始于地铁和地下商业街的建设，20 世纪 50、60 年代步入大发展时期，但基本都是从局部开始，而后逐步扩展。全面的地下空间利用规划也是近年来才真正列入议事日程，大部分仍然集中在某一地区或某一专项的规划上，整个城市的系统规划仍处在探索阶段。

近年来日本政府逐步从最初为解决城市现代化市政设施和交通基础设施，而在拥挤区域建设地下街疏解地面功能，过渡到从城市更新全局着手，依托城市核心区域的更新改造升级，通过网络化、立体化的互联互通更新拓建，推进从离散的单点地下设施到综合性、网络化地下城的转变。从地下空间拓建的内容分析可以看出，其更新改造主要方向如下：

- 基于区域地下系统整备的需求，对分散的单个地下空间进行互联互通的改造。
- 基于功能需求更新，在竖向和平面多个维度上增建、拓展既有地下空间。
- 老旧地下空间提质增效，从智慧化、低碳化、人性化、安全保障等方面进行改造。
- 由于浅层空间已被占用，地下空间必须向深层发展。

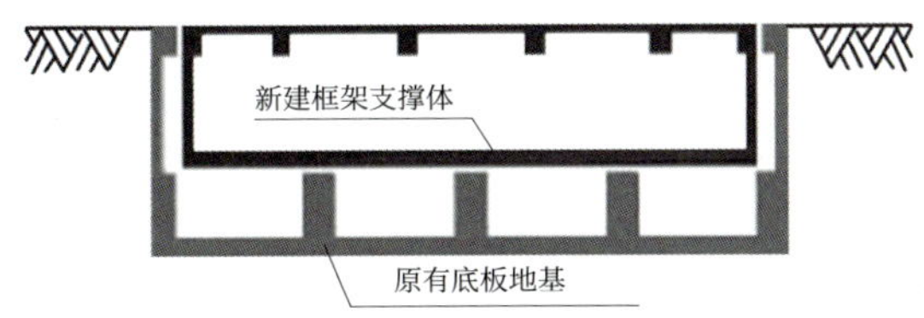

日本崇光百货（Sogo）心斋桥店对原有的地下空间进行改建，把原有地下空间的地墙和桩基作为新建地下空间框架和支撑体的一部分，对原有底板进行处理后作为地基，以承载新打入的桩基，由此构筑新建的地下空间形成新的大型地下商业广场。

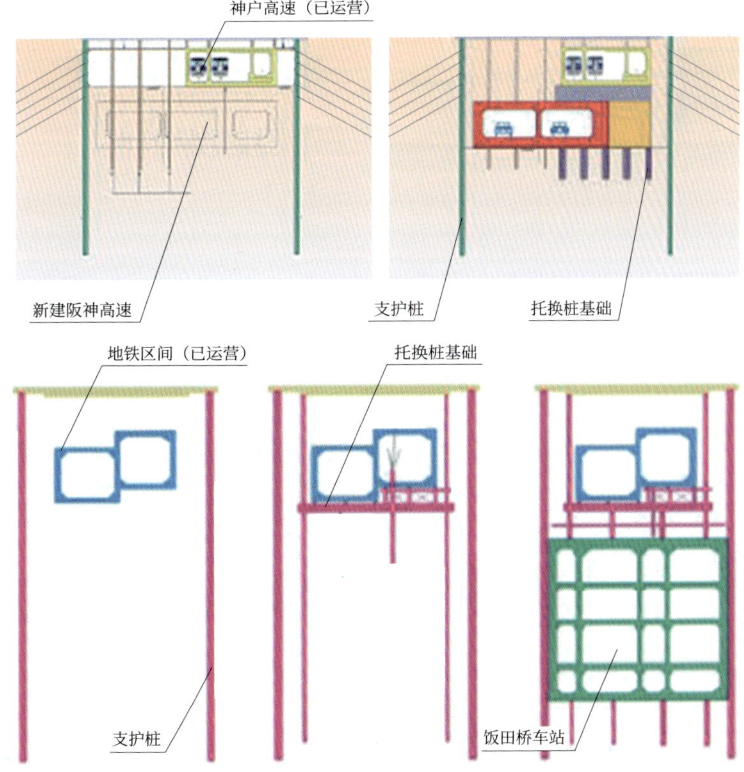

日本神户阪神高速与运营中的神户高速铁路交叉部位，采用“桩基托换地下铁路，构筑地下道路”的工艺。

日本东京大江户线饭田桥车站，三圆盾构到达井位置有运营的地铁东西线纵贯整个基坑。采用桩基托换东西线，然后在其下方构筑盾构到达工作井。

2.4 环境营造

城市发展所提出的功能需求是推动地下街空间演进的重要因素，日本地下街的开发建设依托城市发展的大背景，是城市化进程的产物之一，对其空间环境的需求随着城市在不同阶段所面临的主要矛盾而不断变化。

结合日本地下街发展历程，地下街空间环境可以从使用功能和精神需求两个维度进行分析，主要包括空间的“量”、空间的“形”、空间的“质”、空间分隔、界面处理和色彩质感等 6 个方面。

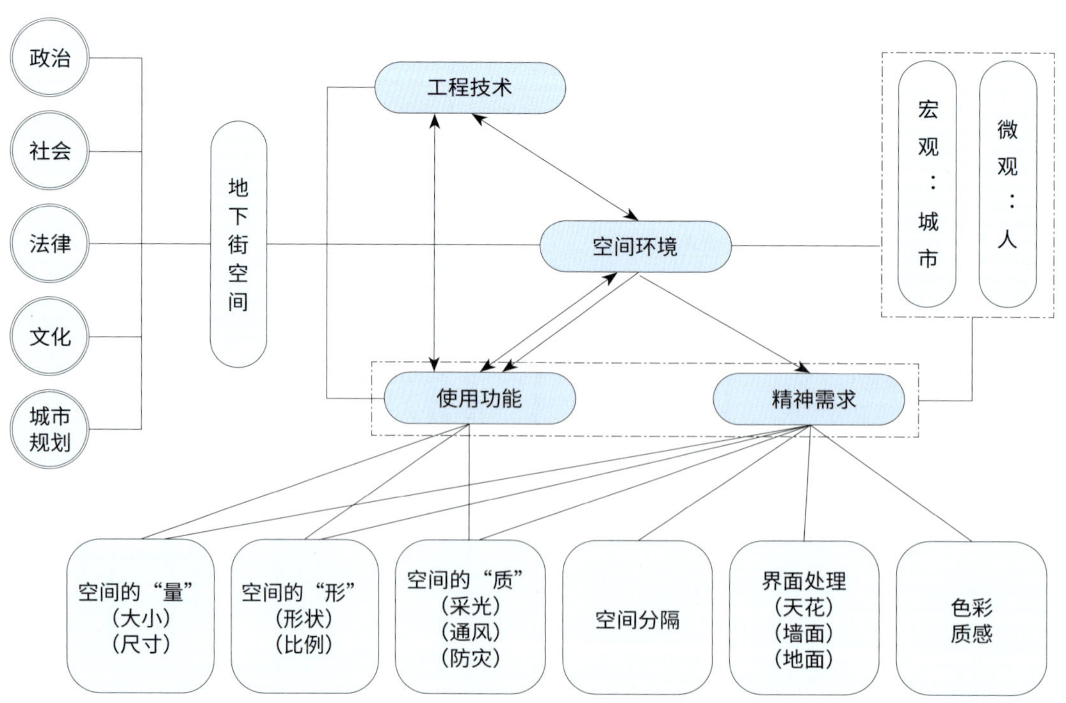

1. 空间的“量”

体积大小与尺度感，在满足使用功能的前提下，20 世纪 60 年代后的地下街尺度感明显优化，合理的体积和尺度可以激发人们交流的热情。

2. 空间的“形”

形状和比例，受客观控制和主观需求影响最大，后期的地下街中，常用点缀特殊的形状来打破空间平衡，调剂视野。

3. 空间的“质”

体现在采光、通风等多方面，特别是采光手法由单纯的人造光源改进为自然光线为主、人造光源为辅，将自然光引入地下，提高空间品质。

4. 空间分隔

对在视觉上起分隔作用的要素，如立柱、灯箱、导向等，进行个性化设计，常见的是统一简化设计并使其重复出现，弱化分隔存在感。

5. 界面处理

主要包括天花板、地面、墙面，处理好这 3 种要素，不仅可以赋予空间以特性，而且有助于加强空间完整统一，后期的地下街一般将地域文化艺术融入其中，增加空间的附加值。

6. 色彩质感

两者相辅相成，一方面能够体现当地的人文地理特色，在营造空间氛围上具有决定性的作用，如京都站、天神地下街等对自然、精致、典雅的质感追求；另一方面体现在色彩的搭配选择上。

主要考察项目

MAIN INVESTIGATION ITEMS

INVESTIGATION AND ANALYSIS OF UNDERGROUND SPACE IN JAPAN

03

3.1.1 规划布局

1. 项目概况

东京新宿地下空间是依托新宿车站交通枢纽逐步发展形成，由交通、商业和其他设施共同组成功能相互依存的城市综合体。新宿车站以国有铁道（JR）铁路为中心，汇集东京地铁、都营地铁、京王电铁、小田急电铁等铁路公司的多条线路，日均客流量高达 350 万人次以上，连接车站的出入口超过 200 个。围绕新宿站的西口、东北口、东口及南口形成了规模超过 10 万 m^2 的地下商业街，地下街又通过大量的连通口与京王广场、政府大楼、伊势丹高级购物中心等重要地上建筑相连，形成立体化的城市空间格局。

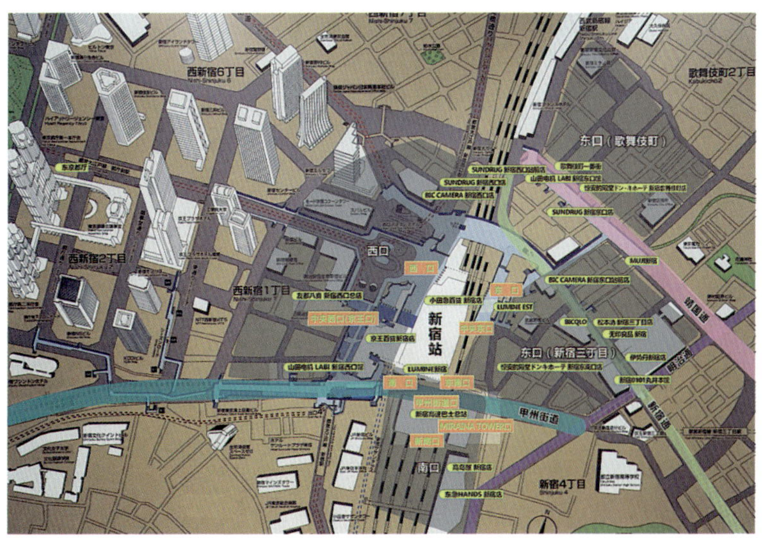

地下街位置	建成时间	面积（m²）
新宿站西口	1966 年 11 月	29650
新宿站东北	1973 年 9 月	38363.8
新宿站东口	1964 年 5 月	18675.3
新宿站南口	1976 年 3 月	17078.6

车站名	乘客数（万人次 / 日）	说明
JR 东日本线	约 150	在全部铁路公司车站中排行第一
小田急线	约 48	在小田急车站中排行第一
京王线	约 71	京王电铁在全国私铁业中排行第一
都营新宿线、都营大江户线	约 33	在都营地铁中排行第一
东京地铁丸之内线	约 24	在东京地铁中排行第五
西武新宿站	约 19.7	

时间	1950 年	1958 年	20 世纪 60 年代	20 世纪 90 年代	现在
重大事件	新宿歌舞伎町一带成功举办了和平博览会。形成零售商业设施以新宿大街为中心、娱乐设施以歌舞伎町为中心、饮食设施以新宿二丁目为中心	“首都整备委员会”决定把新宿建设成为综合性的副都心，在强化商业机能的同时，开发商务办公和文化设施机能	商业和娱乐设施向西口和西南发展，1963 年，京王、小田急百货商场建成，标志着新宿成为东京具有相当规模的、较完善的重要商业中心	商务办公区基本建成，地下商业街网络系统形成，南口商业区再开发，时代广场等商业综合体陆续建成	新宿已经成为东京副都心中发展最快、最豪华的综合型中心
关键因素	形成商业基础	引入商务办公	商业快速发展	功能提升和完善	成熟期

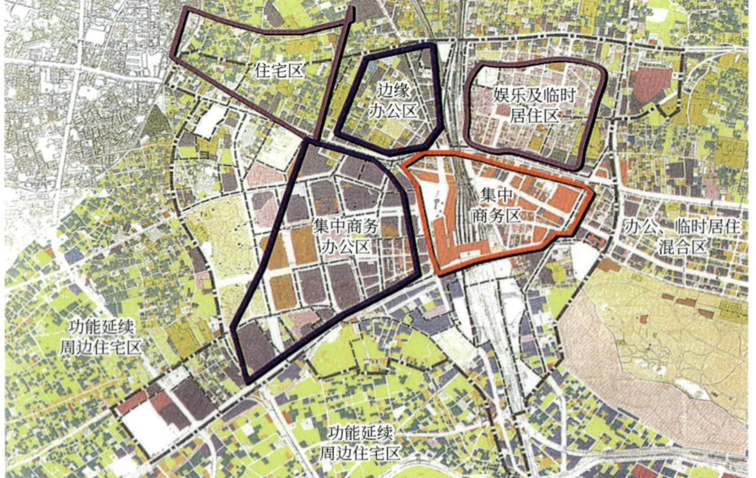

银座方向

在东京23个行政区内，东京站及其邻近的丸之内和银座区域是整个城市的历史文化和商业中心，被称为东京的都心。随着城市发展，都心区域的楼宇市场趋于饱和，无法满足日益增长的办公及商业服务需求，1958年，《首都圈整备计划》第一次在城市结构与用地功能上提出多中心发展的策略，同年首都圈整备委员会将新宿、池袋、涩谷作为城市副都心。在这些副都心中，新宿地区备受瞩目，主要是其具备以下几个优势：

- 新宿站是汇集了JR山手线、中央线、总武线、小田急线、京王线、地铁丸之内线等多条线路的地铁车站，也是世界上客流量最大的车站之一。
- 车站位于银座以西5km，区位条件优越。
- 车站附近用地充裕，占地34ha的淀桥净水厂搬迁后可以整理出大片可开发用地。
- 地质条件好，适合建造超高层建筑。

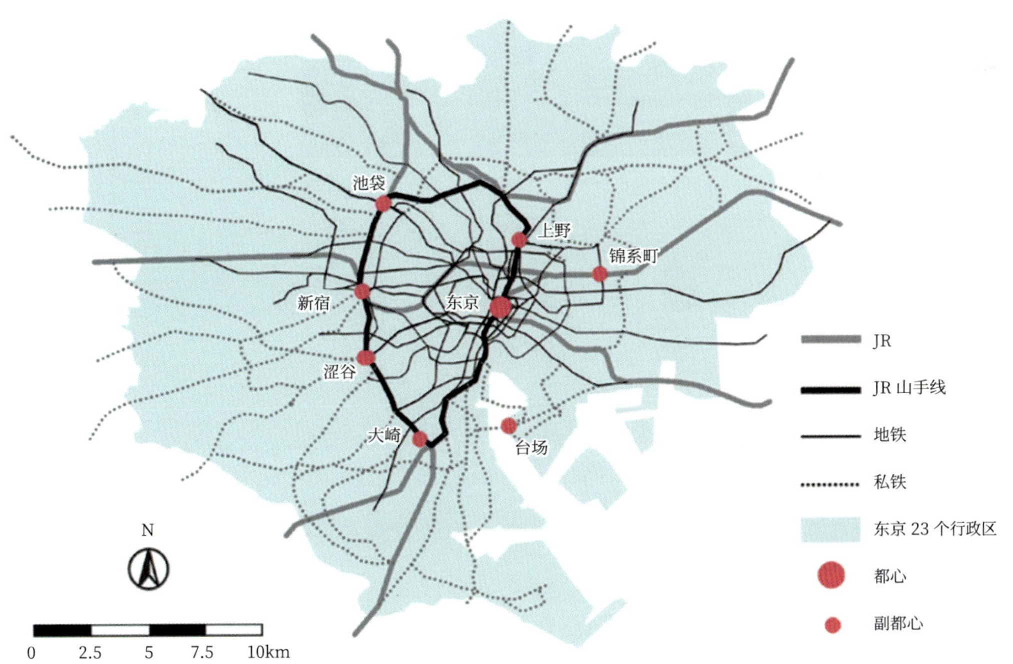

2. 规划背景

1965 年，东京都政府主导制定了《新宿副都心总体规划（1965）》，整理出 11 个平均约 1.5ha 的超级地块。通过招标将其中 8 个地块转让给了不同的民营开发商。以 1971 年竣工的京王广场酒店为起点，至 1991 年东京政府办公大楼建成，超过 20 栋公共和民用建筑陆续建成，汇聚大量人流。300 万 m^2 的办公建筑群聚集的行人及汽车交通负荷，必须拥有包括交通在内的足够大的基础设施容量。密集的高层建筑距离新宿车站仅 6 ～ 8min 的步行路程，为大多数上班族提供便利，使得这里成为仅次于都心的第一副都心，也是由政府主导的“地区级”交通引导开发（TOD）的典型案例。围绕新宿站，通过地下街和上盖综合体整合了地铁、JR 和私铁站，并在西侧高层办公建筑群轴线末端形成下沉进站广场，与地面公交站衔接。

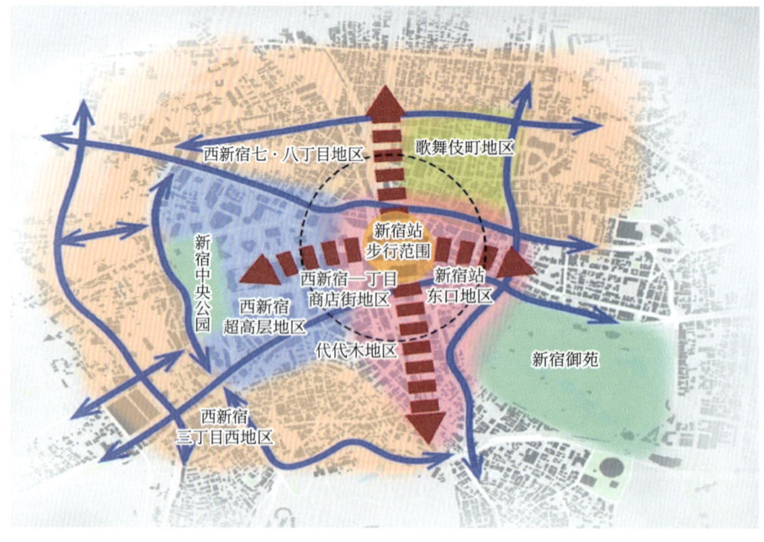

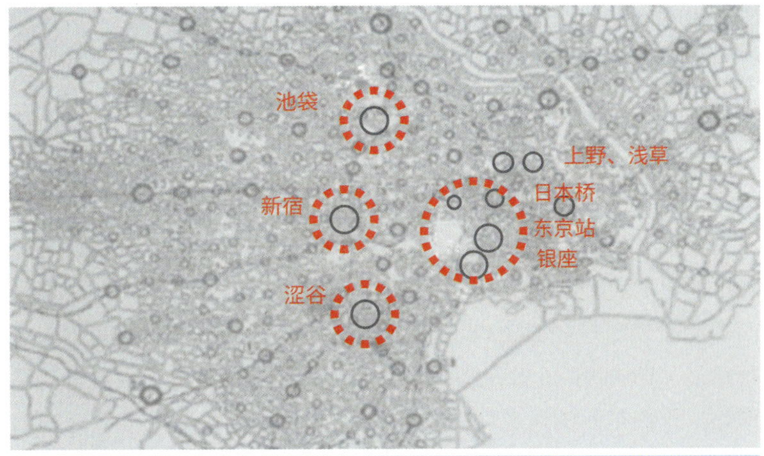

东京 1992 年城市中心区的分布图

一级中心	二级中心
日本桥、东京站、银座	上野、浅草
新宿、涩谷	秋叶原、锦系町、小岩

新宿	商务商业娱乐中心	
	排　名	第一大综合型城市中心
	基础条件	零售功能、娱乐功能和饮食功能
	规　模	商 业 设 施：2760 个 总营业面积：36655m^2 年 营 业 额：14670 亿日元

新宿副都心面积为 18.23km^2，位于东京都心中央商务区（CBD）（千代田区、港区、中央区）以西，主要功能是商业商务功能，建成的商务区总用地面积 16.4km^2，占总面积的 90%，其中商业、办公及写字楼建筑面积为 300 多万 m^2；超高层建筑 40 余栋。以新宿车站为中心，新宿副中心包括 3 个功能区：

- 东新宿是传统商业街区，由以流行时尚名品为主的繁华商业街和以娱乐为主的歌舞伎街组成。
- 西新宿是行政与商业新都心，以银行、证券贸易、信息、传媒等大公司总部、写字楼、政府机关、高级饭店等集聚区为主。
- 南新宿是多功能区域，集聚信息产业、办公和购物中心等。

3. 交通网络

从 20 世纪 60 年代起，新宿副都心已跨越了 60 年的发展历程，随着轨道交通的陆续建成，地下人行网络也在逐步扩充，交通系统的持续完善支撑着新宿的发展壮大。

新宿站区域的繁荣发展以 1933 年开业的伊势丹为起点，东口附近的百货店、剧场、商业街随之建成，逐渐发展成为繁华商圈；西口的发展则是在 1970 年以后，但缺乏连接车站东、西两侧的人行路径。JR 拥有 16 条线路，与之平行的小田急、京王也拥有铁路车站，连接东西的通道只有 JR 站台北端青梅街沿线的人行道和地下通道，以及站台南端甲州街沿线的人行道，东西横穿的行人则不得不绕行。

1991 年，在面向甲州街道的 JR 新宿站南口对面开设了“新南口”，新宿站周边地区逐渐向南发展。

1996 年，国有铁道清算公司的子公司在“新宿货运站旧址”上，通过再开发建成了“高岛屋时代广场”。

1998 年 3 月，在小田急线的铁路上筑起了长约 350m 的人工地基，配备了散步道和店铺的“新宿南平台”。此外，线路上空的开发与利用也扩大到 JR 铁路线。

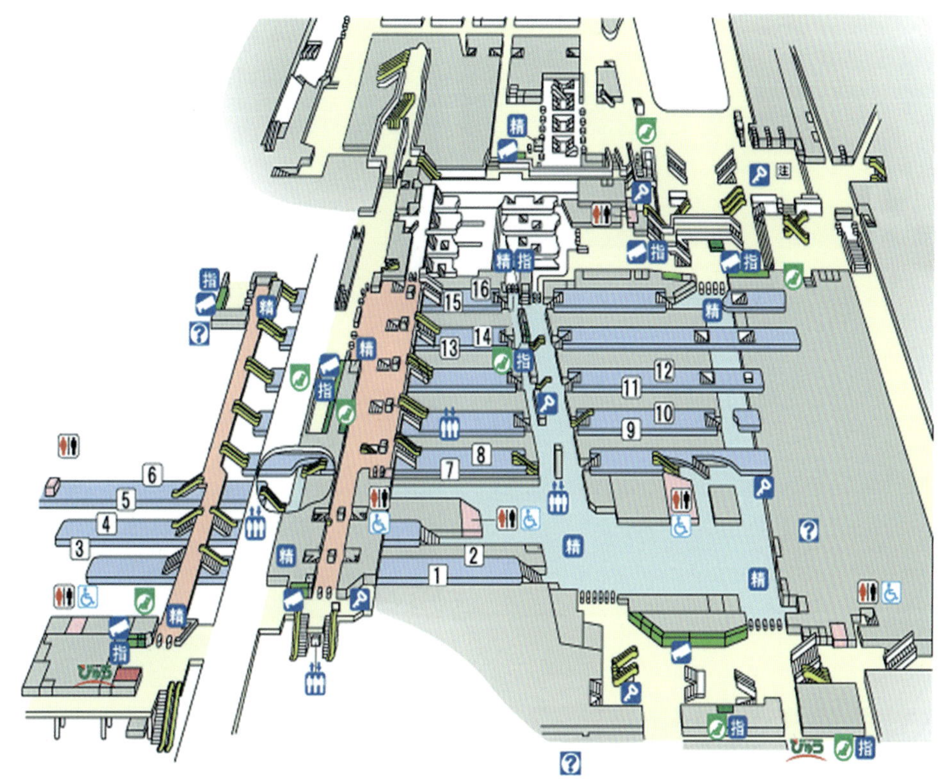

新宿交通枢纽地下空间立体示意图

改札
A1~A7
改札階行き
エレベーター
A1~A7

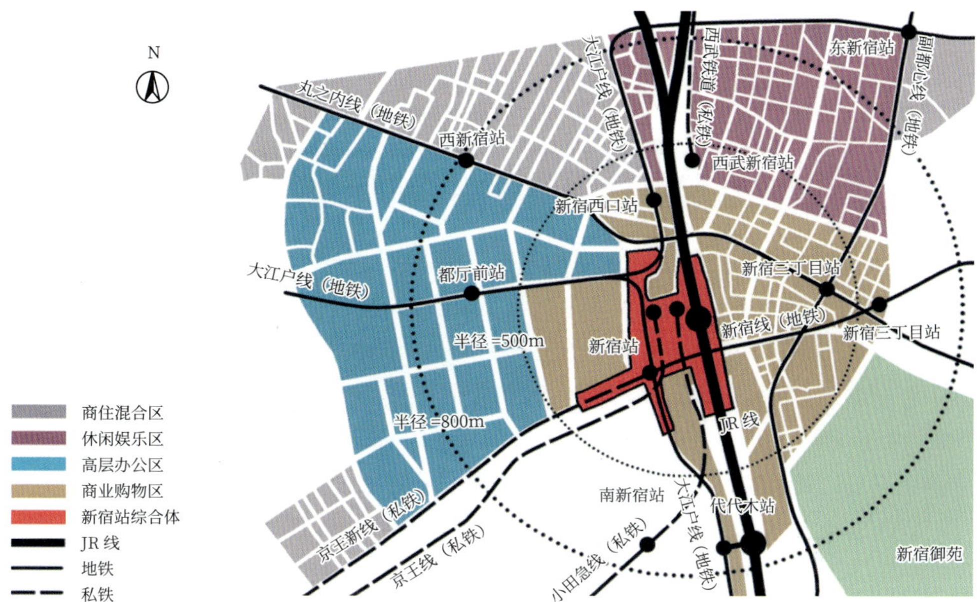

新宿地下交通系统以新宿站为中心，站内可换乘 11 条轨道线路、41 条市内线路、10 条高速线路以及高速公共汽车等交通设施，在 800m 范围内还通过地下空间及通道连接西武新宿站、西新宿站、都厅前站、南新宿站、新宿西口站、新宿三丁目站多个地铁站，共同组成了庞大的轨道交通网络。

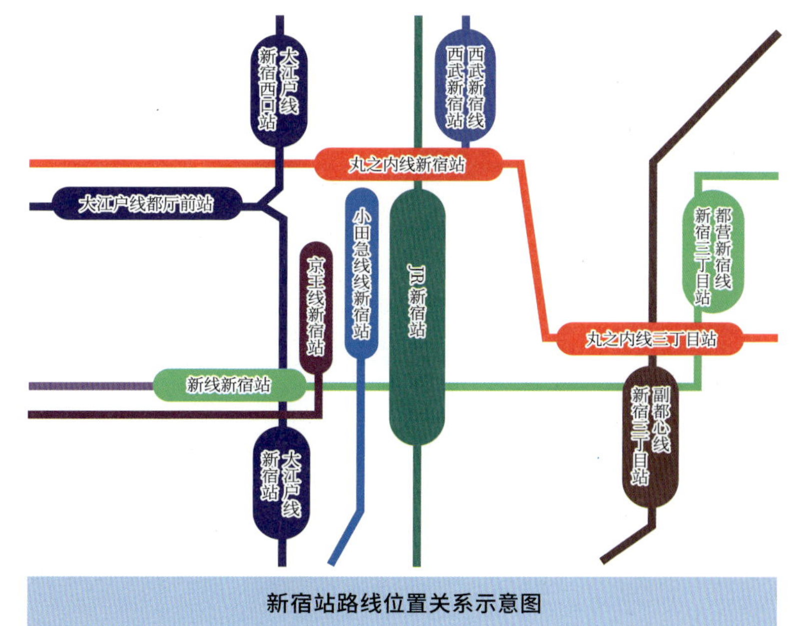

新宿站路线位置关系示意图

3.1.2 工程建造技术及特点

1. 大江户线新宿站工程概况

日本东京地铁大江户线（东京都地铁 12 号线）已于 2000 年 12 月 12 日全线通车营运。从光丘车站开始，经由都厅前，通过新宿、月岛、森下、春日、饭田桥等车站返回到都厅前，全长 40.7km，其中环形部分线路长 28.6km。整条线路线形呈“6”字形。该线路上的 28 座（环形线上）车站中，有 21 座车站可与其他轨道交通形成换乘枢纽，且大多为同站换乘，提高了换乘的便捷性，充分体现了“以人为本”的设计理念。大江户线上的车站站台大多设在地下 3～4 层，部分车站位于地下 5～6 层，而新宿车站则设在地下 7 层，为地下 4～7 层深基坑工程，采用了许多新技术、新工艺。

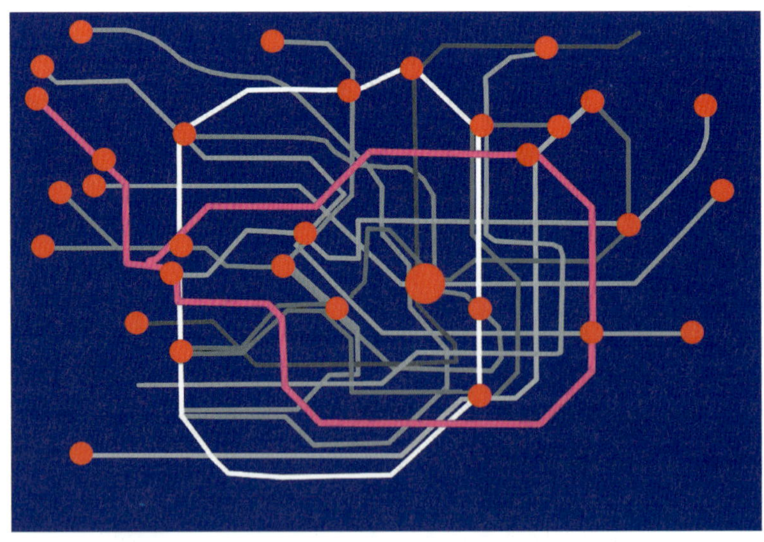

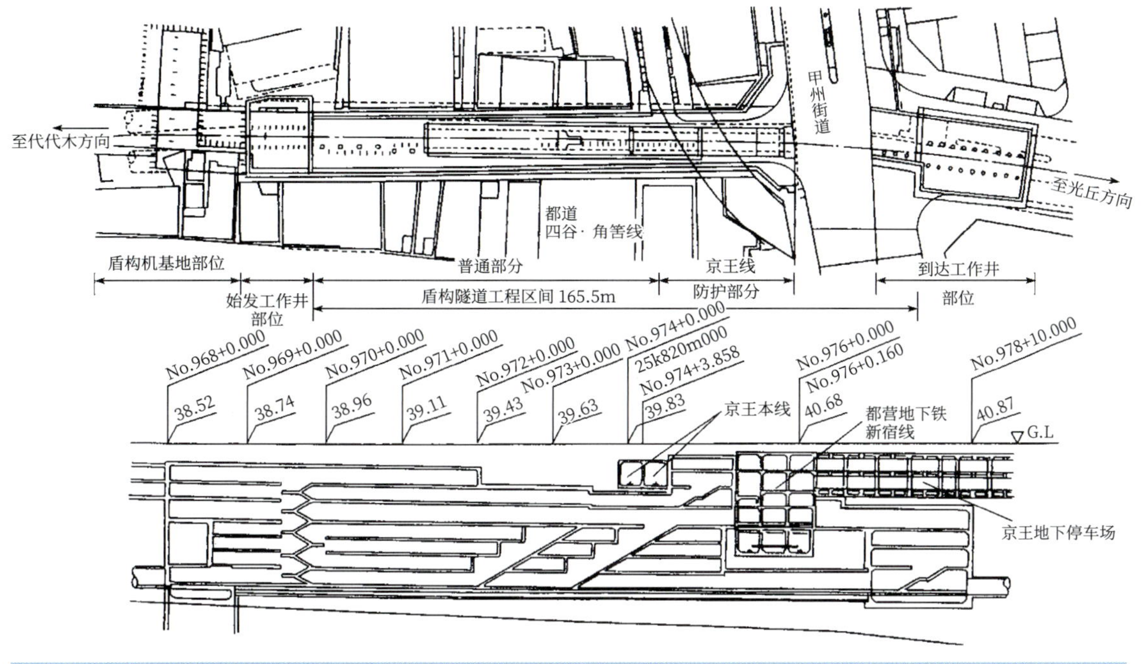

新宿车站结构示意图

大江户线（12 号线）新宿车站，考虑与都营新宿线、京王新线新宿车站的连接，以及与 JR 线、小田急线、京王正线的换乘方便，车站设置在夹截国道 20 号线的都道四谷角筈线下方。

工程周边有 JR 铁道医院、旅馆、学校和中小商业楼等建筑物。在地下设有京王电气化铁路正线、停车场、地下街道。此外，国道 20 号线每天有 67000 辆汽车通过。

新宿车站的站台设在都营新宿线、京王新线的下方，距地表深度约 40m。此外，该车站在客流高峰时达 3.65 万人次 /h，站台宽度需要 10.5m。地铁车站无法布置在 18m 宽度的道路下方，一部分要侵入居民区用地，需要采用拆除大楼和试作托换基础等措施。在中心距为 10m、外径为 8.1m 的两条隧道中间设置站台。检票口、站务室、车站中央大厅、电气室、机械室等车站设施，是设置在道路内、采用明挖法施工的 3 层构筑物。地下 3 层与地下 7 层的站台，用自动扶梯和电梯连接。联络检票层和站台的自动扶梯部位的 95m 区间，是在普通坑道内打桩，并采用明挖法施工的。

在地下 3 层处，新宿车站与都营新宿线和京王新线联络，出入到地面上与 JR 线、小田急线、京王正线联络。

2. 车站施工

该地区按地形划分，称为“淀桥台”，地质组成由上部起，依次为立川·武藏野垆坶层、下末吉垆坶层（垆坶质黏土层）、东京层、东京砾石层和江户川层。新宿车站的开挖深度约 40m，坑底位于江户川砂层中。

地下水的含水层是东京砾石层、江户川砾砂层，受到东京层的黏性土或者江户川层的黏性土不透水层影响，形成了承压水。东京砾石层承压水水位在 –18.73m，江户川层中承压水水位则处在 –20.73m。

盾构始发工作井采用明挖法施工，井宽 21m、长 17m、深 42m。挡土墙为地下连续墙结构，墙厚 1m。根据地下连续墙的路面下施工和盾构始发推进的关系，做成路面支承梁 H-1400×600（L = 21m）的特殊大梁。地下 2 层、轨道层的顶板，采用逆筑法施工，并且将地下连续墙作为主体结构的一部分。

车站标准段的开挖宽 15.4m、长 165m、深 21m。由于道路宽度狭窄，地下水位较低，在 –20m 处，挡土墙采用排柱式地下连续墙。

盾构接收工作井宽 20m、长 20m、深 43m，处于京王人行散步专用道地下街、地下停车场的正下方，采用托换基础工法施工。托换基础是在逆筑法施工顶板之后，用千斤顶支承。

位于地下 7 层的轨道层 165.5m 的区间隧道，采用泥土压力式盾构工法施工，隧道的外径 8.1m，中心距 10m，覆土厚度 35m。使用宽度 1.0m、厚度 35cm 的铸铁管片，二次衬砌厚度 25cm。

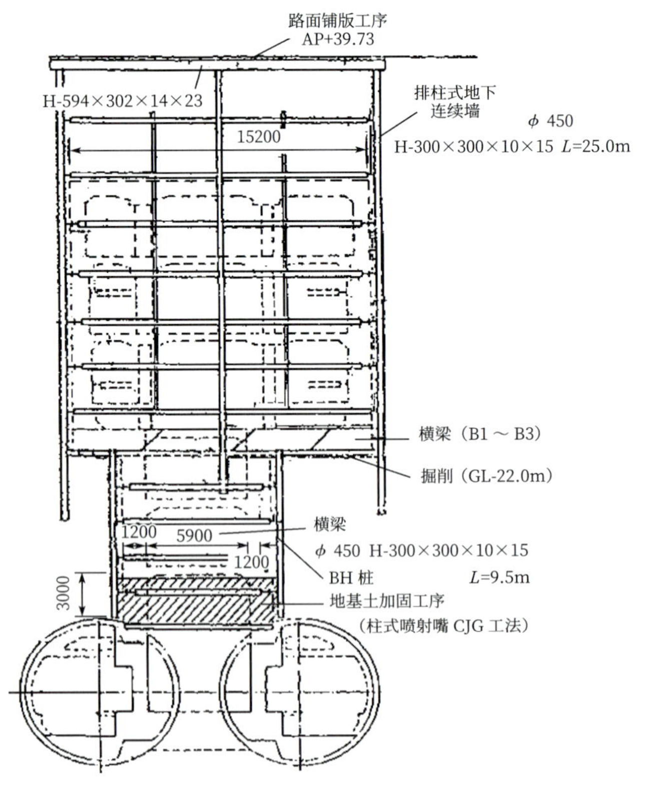

车站结构示意图（尺寸单位：mm）

3. 自动扶梯部分施工

盾构掘进完成之后，在车站标准段地下 3 层的底板面上，采用钻孔法（BH 工法）施工自动扶梯部分的挡土墙。

该挡土墙的底部位于管片衬砌结构的上方，对管片衬砌上面 3m 范围内的挡土墙用 CJG 工法作加固的同时，还设置深井点降水。

在挡土墙施工完成之后，采用逆筑法对 3 层的底板（自动扶梯部位的顶板）浇筑混凝土，用顶板混凝土将挡土墙的顶部固定住。

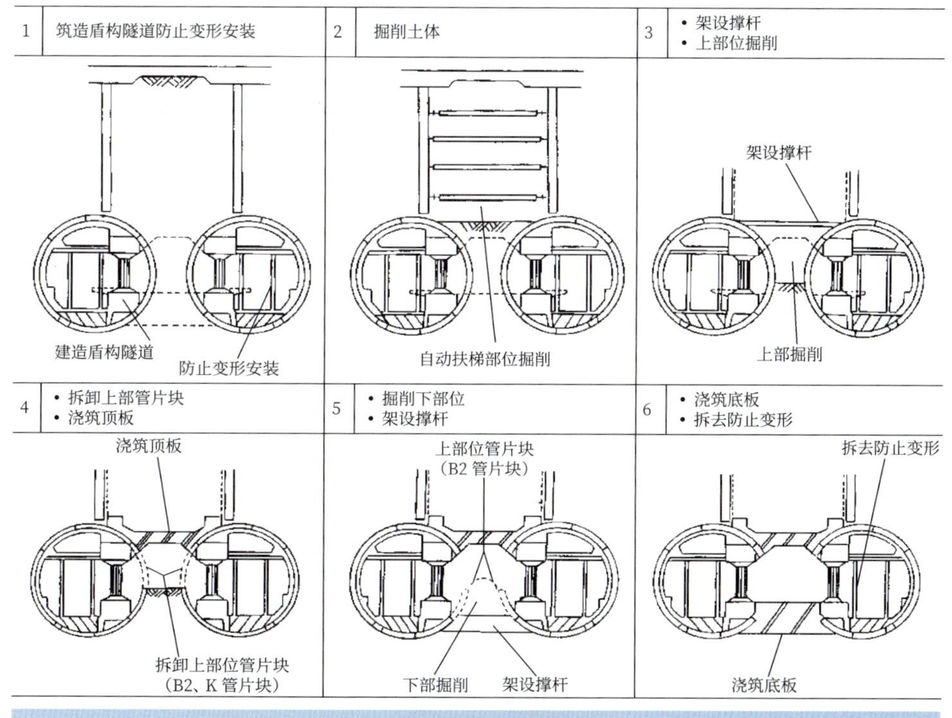

自动扶梯施工顺序

自动扶梯部位的开挖前，采用二维有限元方法（FEM）来解析隧道和挡土墙的稳定性，以决定施工步骤和方法。

在管片衬砌内打设倒拱、底板纵梁、柱子、顶板纵梁等混凝土结构。其次，用型钢 H-300 构件来防止施工过程中的变形（图 1）。从上部开始开挖自动扶梯部分，让管片衬砌上部露出，拆除掉管片衬砌背面的混凝土。在此设置型钢 H-200 并作固定，加固挡土墙的入土部位，在此架设 H 型钢 H-250 的支撑梁（图 2）。一直开挖到起拱部位，用逆筑法施工顶板，以闭合隧道的上部。

其次，一边对管片衬砌作拆除，一边开挖到底板部分，架设支撑梁、浇筑底板混凝土。此后，拆去防止变形装置，施作二次衬砌混凝土。为保证隧道之间上部和下部开挖的安全性，将进深 10m 的范围分成小块施工。

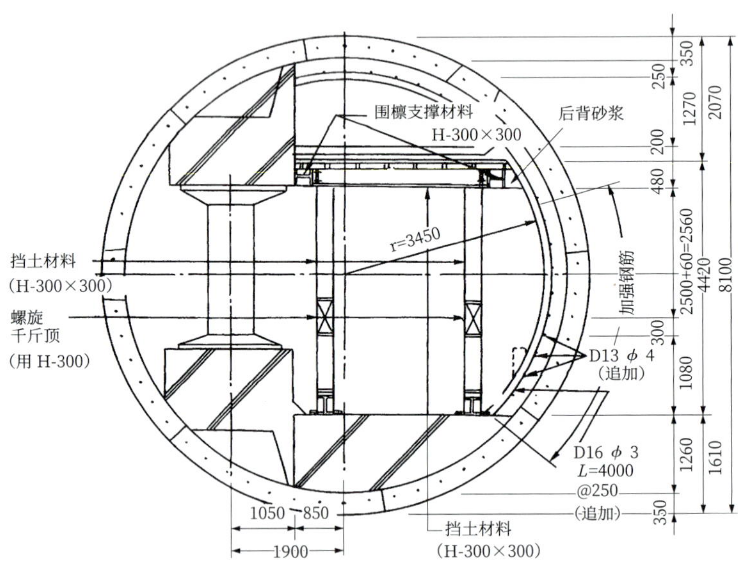

图 1 防止变形装置示意（尺寸单位：mm）

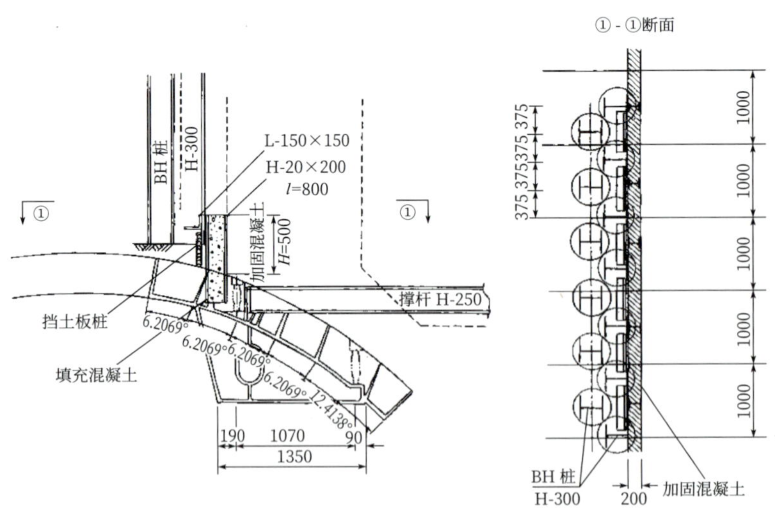

图 2 加固 BH 桩基础示意（尺寸单位：mm）

3.1.3 更新拓建与未来发展

东京都政府和新宿区政府于 2018 年制定了新宿中心的重建方针——新宿客运枢纽站的一体化重组，作为指导 2020 年开始实施的项目总体规划理念。根据与各轨道交通公司之间的协议，实施部分变更土地所有区划的“土地区划整理项目”等，将车站、公共设施和大楼改建这三类项目结合起来，缔造将车站、广场、大楼等有机整合的新一代交通枢纽。创造广场等公共空间的同时，控制机动车驶入新宿站附近地区，推动“行人优先”策略。其基本规划理念如下。

1. 更新过程

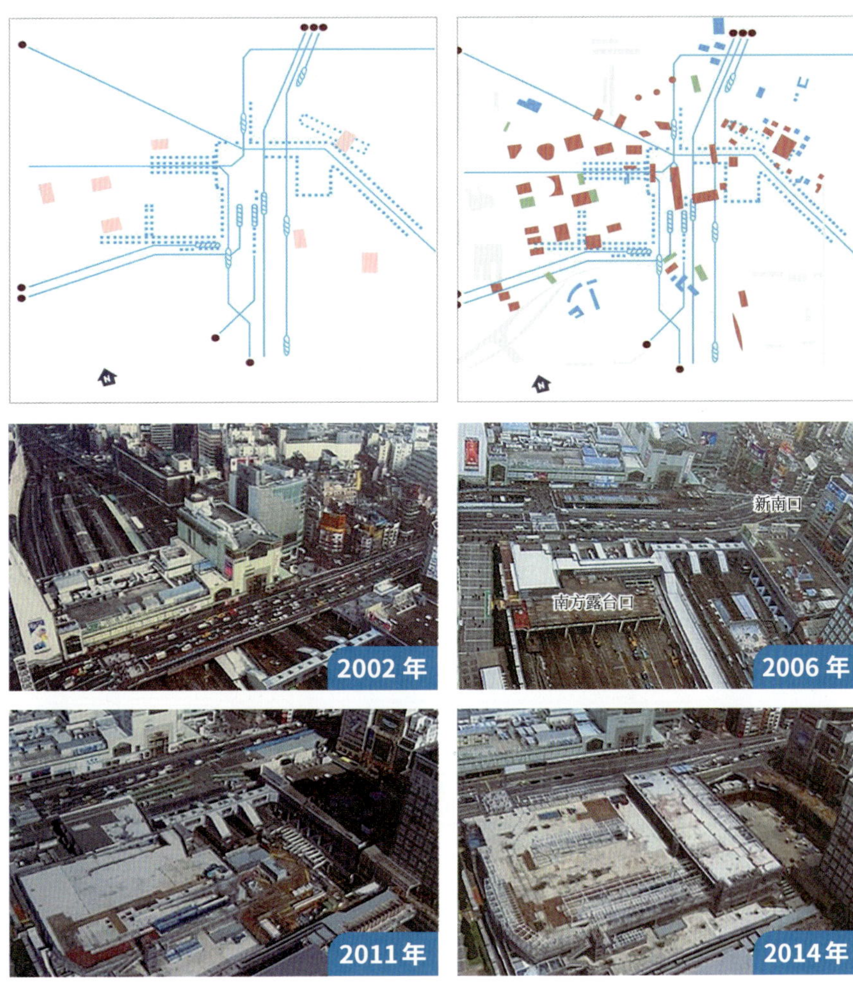

在新宿站新南口铁道线路上空，一片横跨了16条铁道线路的巨大人工平台横空出世。在这个人工平台中央规划的公共空间广场，成为连接新宿南方平台与新宿高岛屋百货步行平台网络的起点。平台不仅向东西两侧延伸，更与周边开发项目连接，无论从便捷性、安全性，还是从营造整体繁华气氛的角度来说，都具有无限的发展潜力。为了解决新宿站交通基础设施一度处于饱和状态的这一难题，充分利用国道20号线（甲州街道）跨线桥翻新施工时的作业平台，将这块约120m的高架“大地”打造为高速大巴以及出租车等的交通节点。虽说铁道线路上方的建设无论从结构、施工，还是从安全性方面来看，都十分困难，但是，这也恰恰展示了在高密度饱和状态的城市中，土地开发新的可能性。

将铁道线路上空的2层空间规划为以人行为主的平台，旨在实现铁道乘客从车站检票口至周边步行空间的无缝衔接。通过这个以车站南侧广场为中心、具有高度开放性的公共空间，人们既可以前往低层区的商业与文化设施，亦可以到达高层区的写字楼。可以说，这是一个以车站为首的交通枢纽和复合用途紧密结合的典型TOD案例。

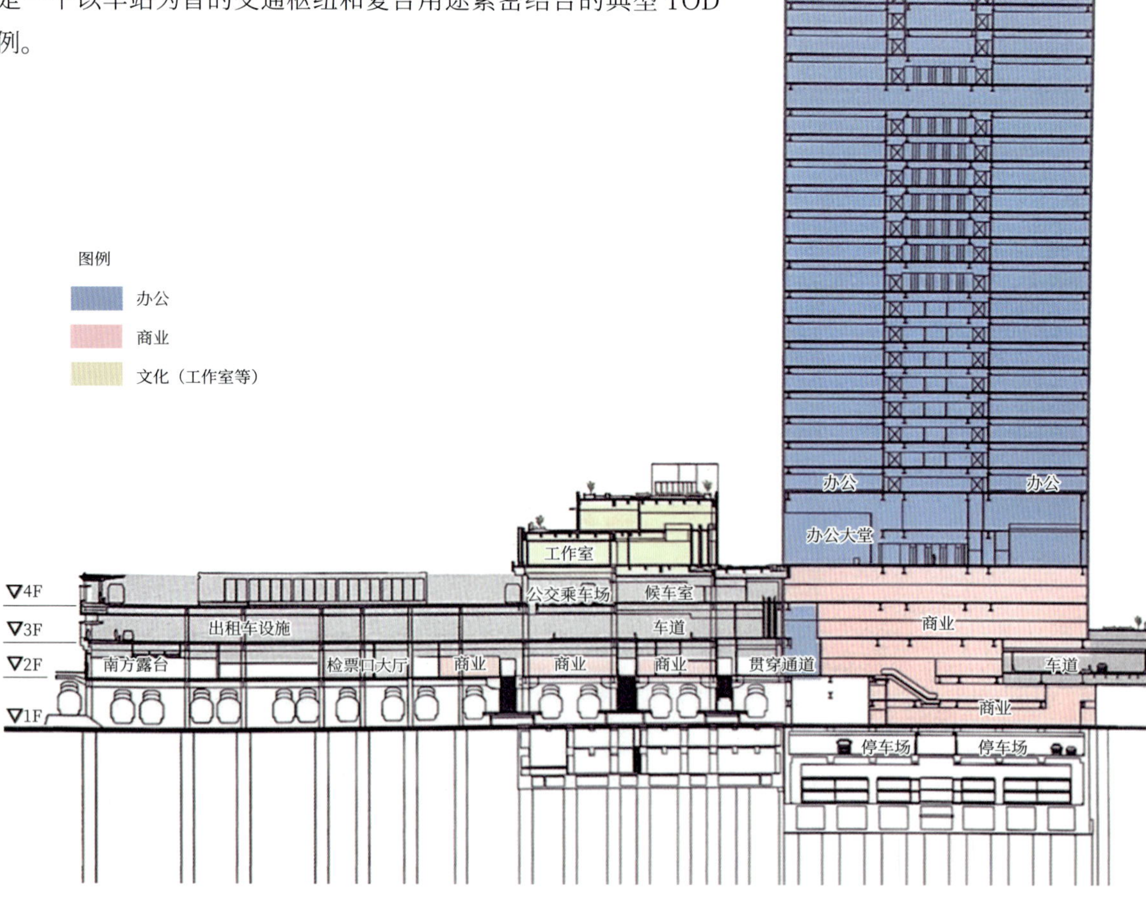

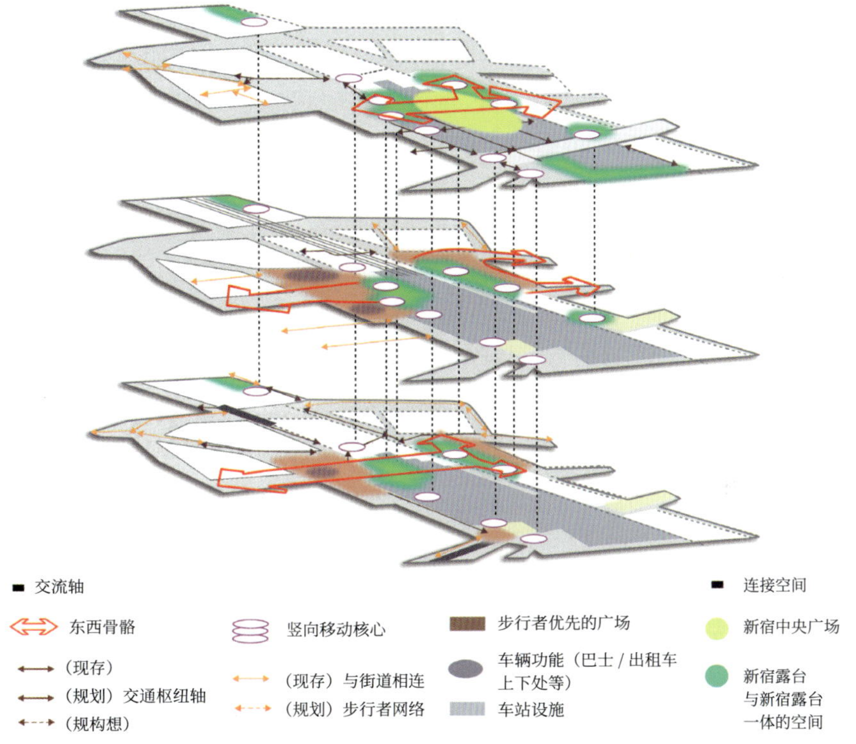

双子塔东侧大厦的项目主体是JR东日本，在目前“LUMINE EST”所在区域建设；西侧由小田急电铁和东京地铁负责，在小田急百货店所在区域建设。空中走廊将以覆盖JR轨道的形式建设。施工时原则上使用轨道之间和大厦底层的空间，无需列车停运。JR和小田急将新建检票口，使空中走廊和站台直接连通。这一区域也将成为大规模灾害发生时的临时避难区域。位于地下的京王电铁站台将向北侧移动，换乘其他线路会变得方便。

2. 总结

◆ 构建交流轴

作为“东西主轴”利用轨道上方空间打造联系东西方向的平台，通过优化东西向的结构化道路，扩大行人空间；构筑将大型客运枢纽集成在一起的“枢纽轴”，连接周边市区，形成顺畅的行人流线；将现有车站广场改造为“行人优先”的广场。

❖ 空间协同联动

打造多个“新宿平台”，建立新宿中央广场从平台到地下的立体衔接，提升上下动线的视觉辨识度；创造公益活动交流空间及展厅，为旅客提供放心、舒适的逗留空间增加绿地，创造连接西新宿中央公园、东新宿御苑的绿廊。

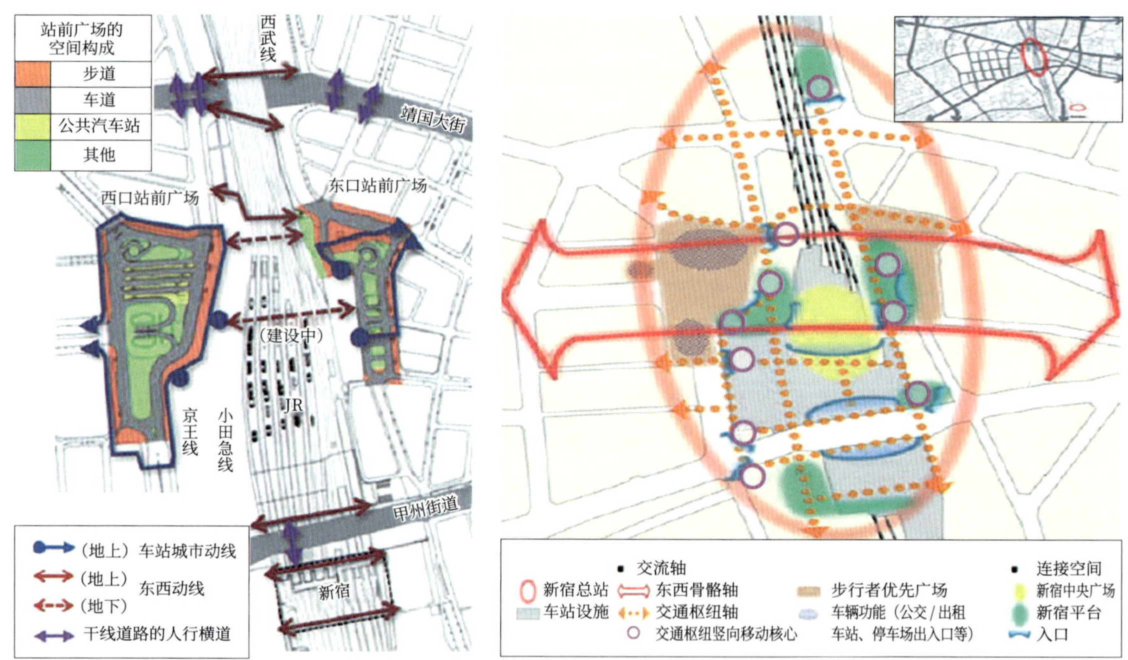

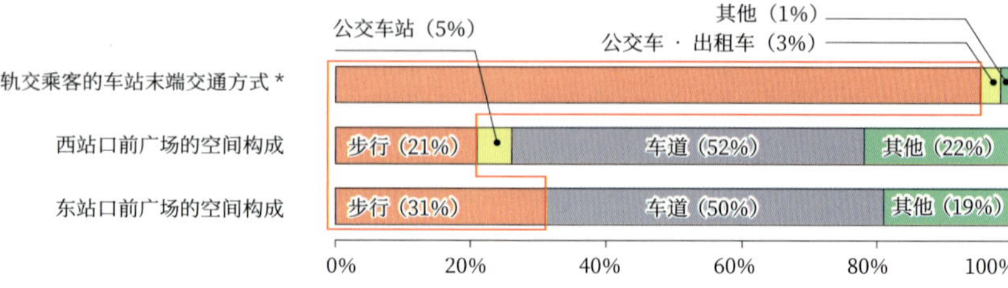

*：指城市交通最后 1km 使用的交通工具。

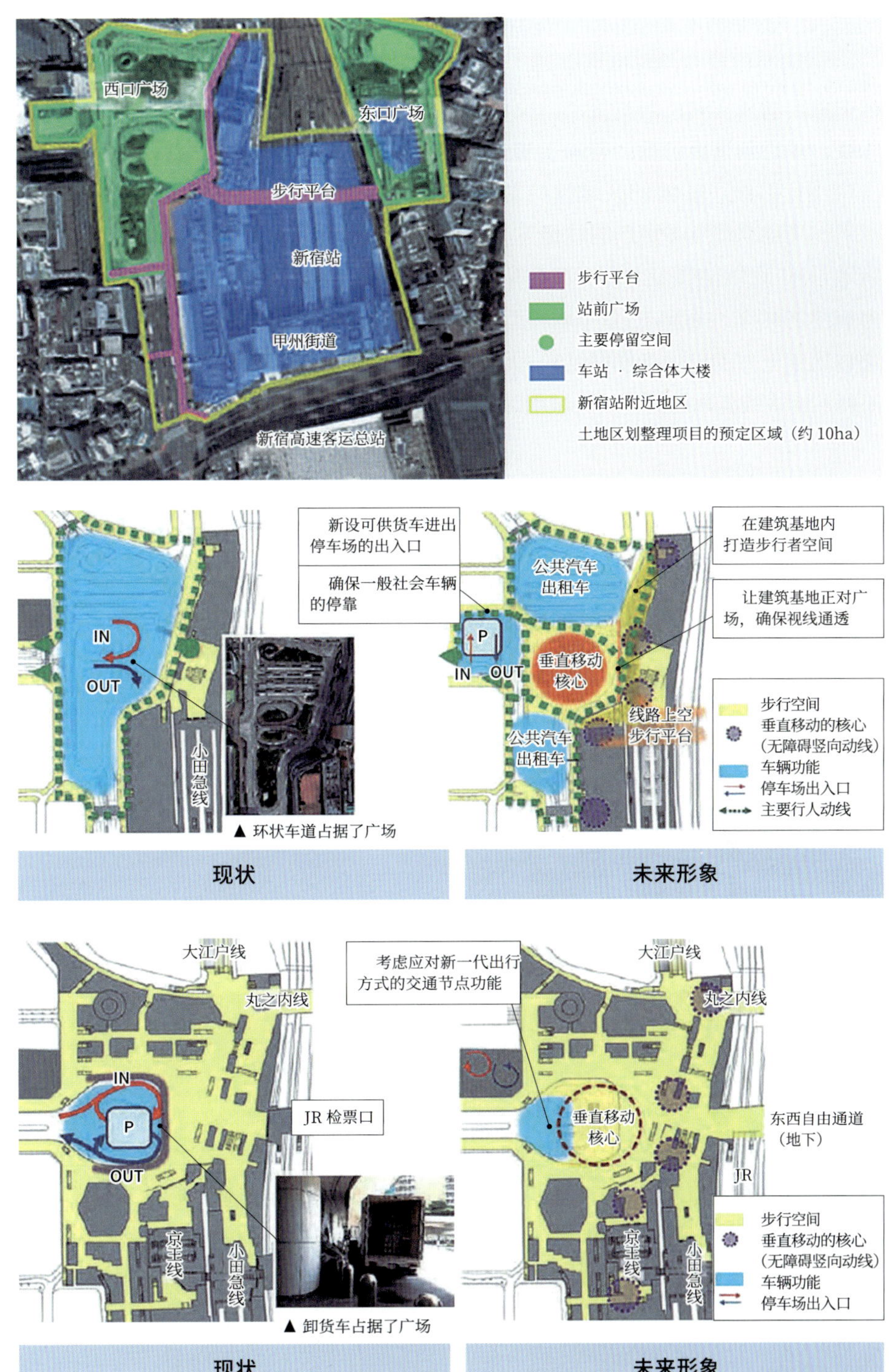

▲ 环状车道占据了广场

▲ 卸货车占据了广场

可持续发展面临的挑战

利用西口地下广场挑空空间，发展立体广场概念，打造面向新宿中央广场和车站广场的互动、交流设施，同时形成极具特色的天际线；引进创造新价值，有助于加强国际竞争力的多种功能；对新一代出行系统、能源的区域性控制、基于新技术的防灾系统进行应对；考虑功能逐步更新的前提下制定规划。2020 年，东京都及新宿地方部门提出在新宿站东西两侧建设 260m 的超高层“双子塔”，力争在2040 年左右完工。双子塔将汇集商业设施、酒店和旅游等功能，通过轨道上方的空中走廊联结东西。解决阻碍城市建设的移动路线不畅和街区被隔断的问题，为城市注入活力。

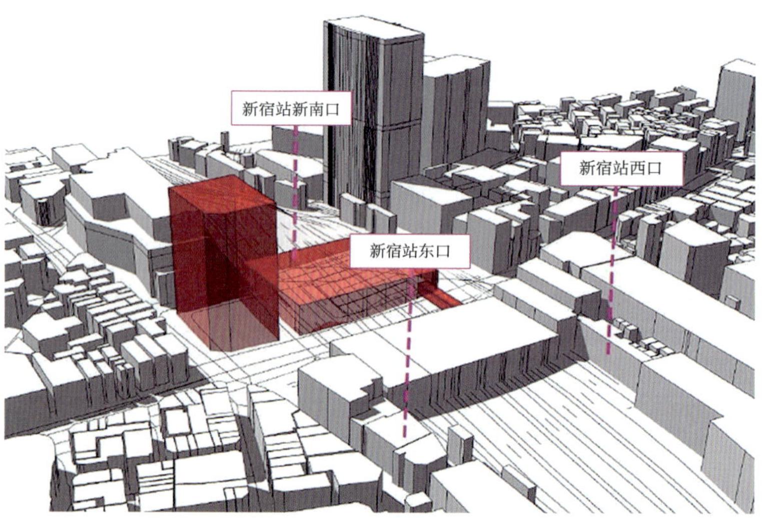

3.1.4 地下空间环境营造

- 充分利用交通枢纽优势，创造富有价值的商业空间，方便人流与商业的联系，构建有机的交通与商业综合体。
- 强调地下与地上功能的有机复合，提供集商业、艺术、文娱一体的购物天堂，创造多元功能充满活力的城市空间。
- 倡导行人优先的顺畅步行体系，挖掘地下空间功能潜力，对区域机动交通进行渠道化组织。
- 地下空间与自然环境的有机融合，巧妙引入阳光和绿色，提升地下空间环境质量。

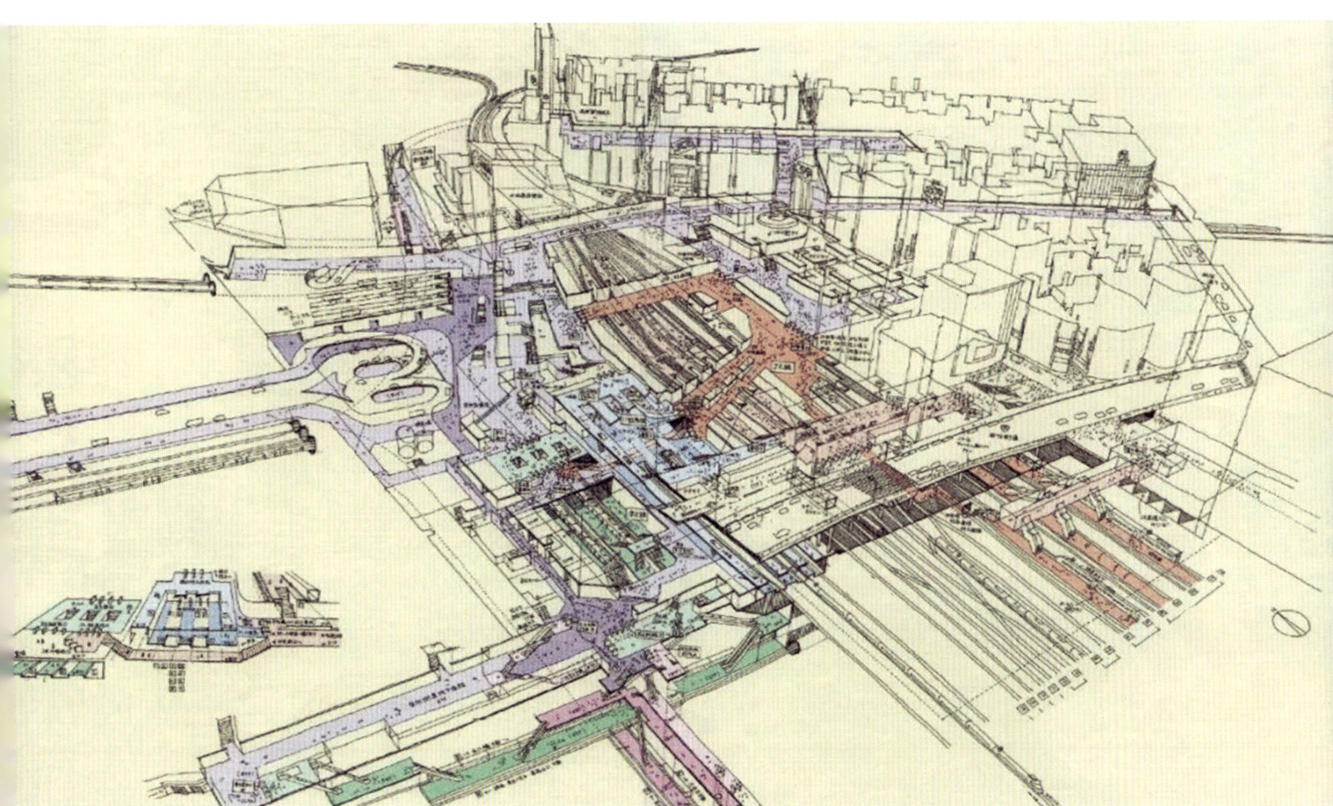

3.2.1 规划布局

1. 项目概况

东京站位于千代田丸之内商业区，紧邻皇宫，较新的东部扩展区离银座商业区不远，车站分为西边的丸之内部分和东边的八重洲部分。东京站是新干线高速铁路起点站，是日本最繁忙的枢纽之一，它为区域通勤和东京地铁网提供服务。

项　　目	八重洲地下街
位置	东京站东侧
占地面积	0.35ha
总建筑面积	约 7 万 m^2（含连通的地下室）
楼层	B1F（店铺 + 公共走道）约 2.9 万 m^2 B2F（停车 + 辅助用房）约 2.5 万 m^2 B3F（设备 + 辅助用房）约 1.1 万 m^2
建设时间	第一期 1963—1965 年 第二期 1966—1969 年
店铺数量	约 180 家
停车位	744 个
开业时间	1965 年
东京站日客流量	80 万～90 万

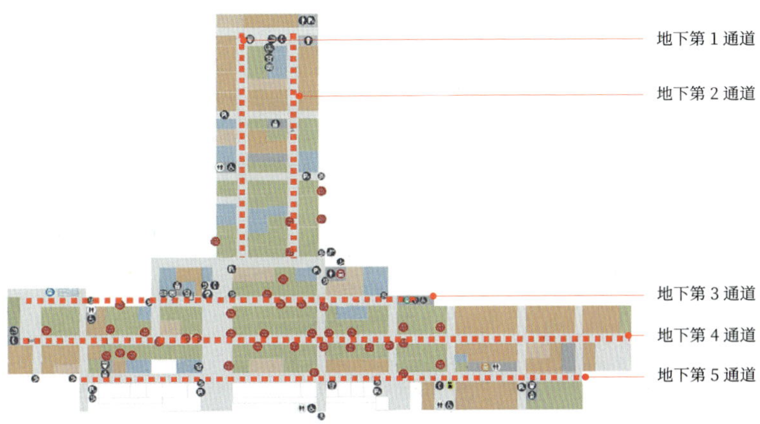

地下一层平面布置及流线图

2. 规划背景

1914 年东京站开通，被誉为东京门户，大楼位于丸之内，1929 年，启用八重洲出入口，但规模较小、功能有限。1952 年东京站新八重洲口广场建成，1953 年丸之内至八重洲自由通道及中央出口和南出口开通，1954 年八重洲侧车站随铁道会馆建成。东海道新干线于 1964 年开通，因站台设在八重洲一侧，大部分乘客都使用八重洲口，1969 年为了应对行人和机动车增长，八重洲地下街开始运营。

2001 年，《东京站周边更新建设研究》报告出炉，成为东京站和周边大规模改造的基本方针。规划从东京站和周边城市更新角度提出了三点要求：一是复原丸之内站房大楼及建筑相邻地区的空间，二是促进土地的高效利用和公共设施一体化建设，三是利用民间资本活力。

具体到八重洲一侧，主要是通过车站和周围建筑的整体开发来解决以下问题：

- 八重洲口车站广场狭窄，地面和地下行人动线薄弱。
- 车站建筑对城市视线有阻断，景观缺乏一体性。
- 难以承担 21 世纪东京的门户的角色，与该区域城市互动联系不足，站前空间与周边建筑、景观融合不足。

这些问题均无法在车站基地内部解决，要与周围老旧建筑的更新相结合，通过站前广场空间与周边建筑、绿化相结合，并与相邻的街区共同分担城市更新的角色，实现八重洲口门面的全方位打造。因此更新建设分为中期和远期两个阶段：

- 中期：扩大广场的进深，将周边建筑与广场实行一体化整体开发，改善目前的交通功能。
- 长期：配合中央区城市重建计划等车站周边地块城市更新动向，研讨确保规划建设顺利实施，扩大交通节点（公共汽车站的整合等）必要的空间。

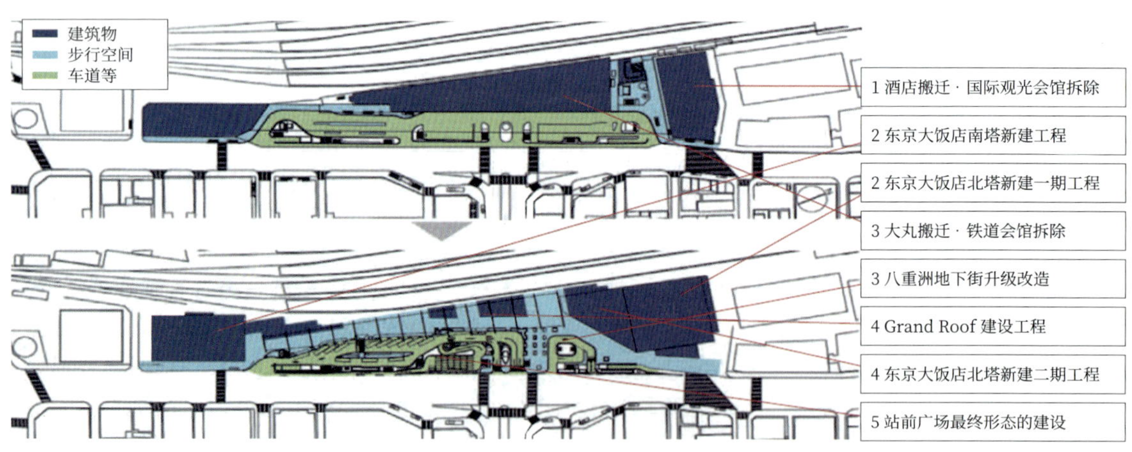

八重洲地下街由停车场和地下商业街组成，既承担购物中心的功能，又作为区域停车场使用。地下街不仅与东京站直接相连，而且具有有利位置优势，但设施老化和功能过时等问题逐渐凸显。八重洲口更新改造的动向是带来重大转变的契机，结合片区建筑用地的改造，配合设施的更新，对业态构成进行了重组，更新后地下街的销售额明显增加。

通过中轴线上架起一个与丸之内站房建筑遥相呼应的大屋顶，将阻挡视线的墙壁改造为标志性的开放型门户空间。与大屋顶一体建造的两座办公大楼也证明了八重洲地区办公功能的潜力和价值。原是“车站背面”的八重洲地区成功蜕变为京桥地区新的城市形象空间，促进了本地区持续发展的良性循环。

3. 交通系统

八重洲地下街不仅通过地下通道连接东京站，还通过地下通道连接银座线、东西线、浅草线的车站。商业街起到联系各个车站节点以及疏导乘客的作用。

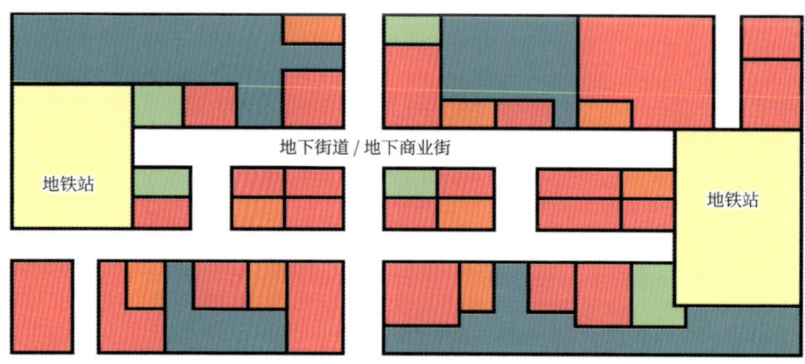

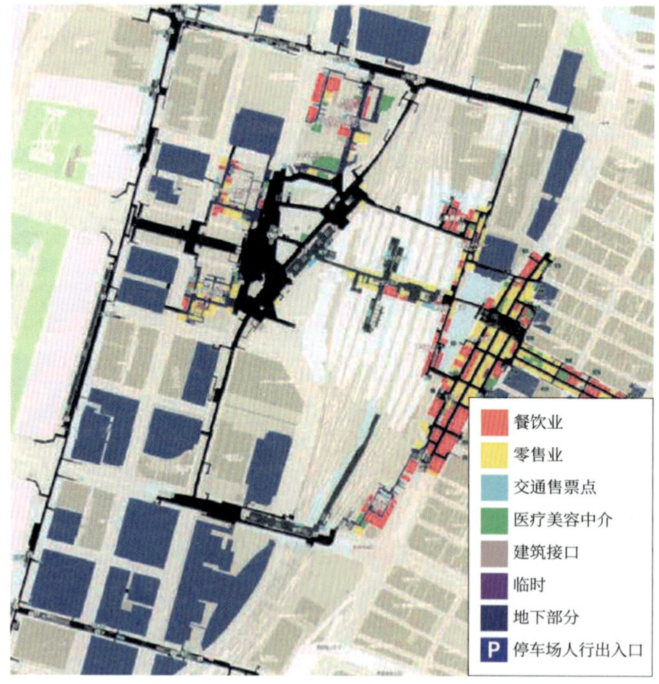

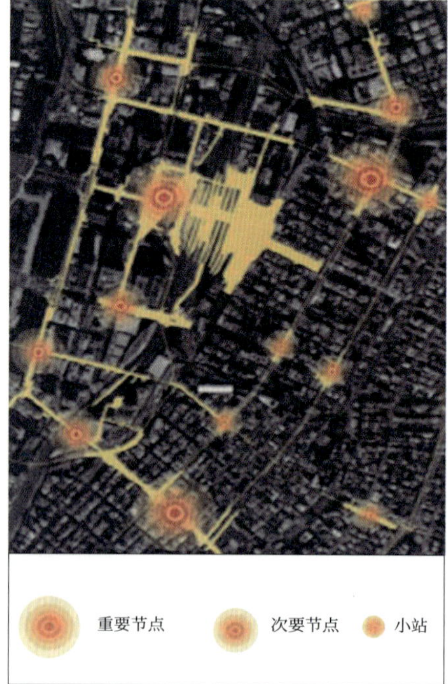

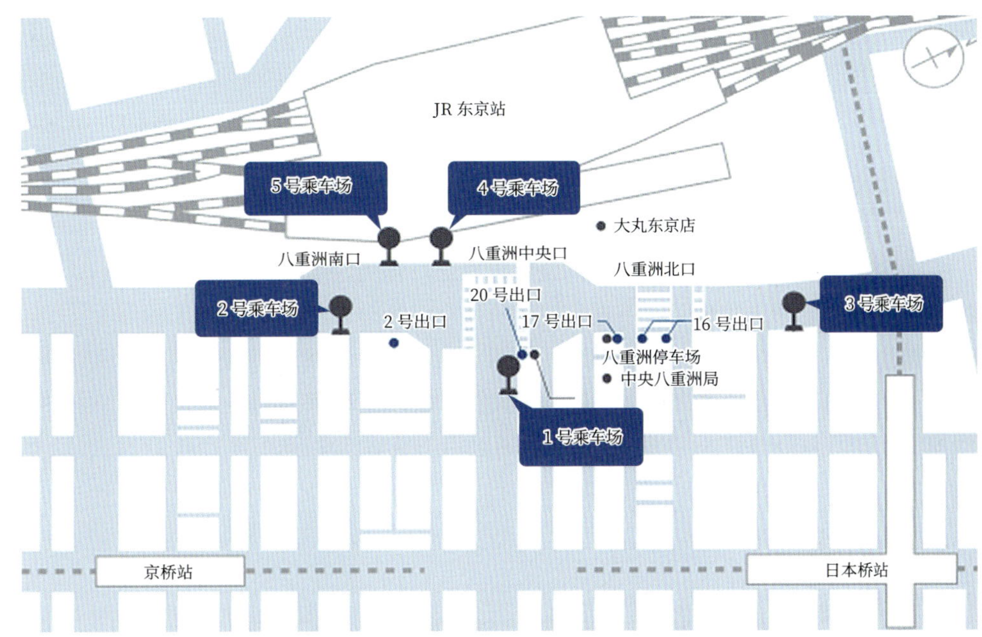

4. 商业街布局

东京站地下商业由 4 家公司运营开发，从站内逐步向外延伸，形成了有机的统一整体。八重洲地下街起到了车站地块与周边区域建筑联系的作用。

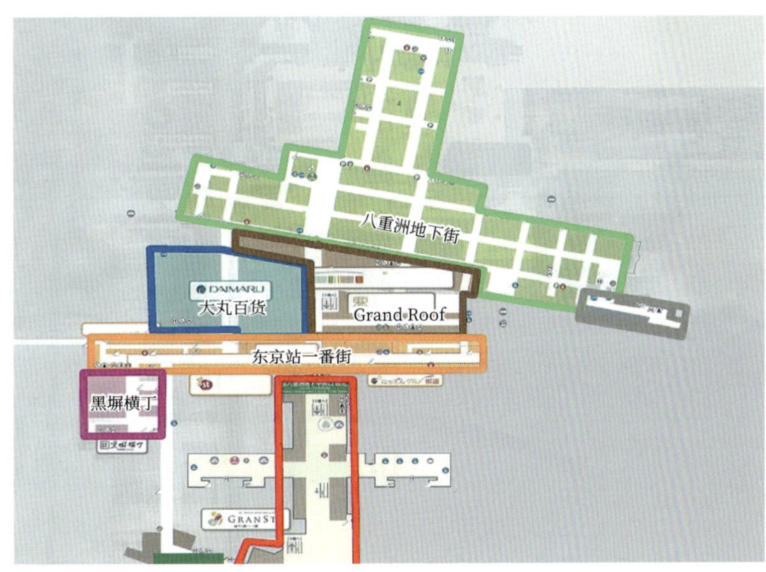

3.2.2 工程建造技术及特点

1. 改造历程

八重洲地下街位于东京站东侧，整个东京站片区历经一个世纪的不断建设与更新，实现了城市地上地下公共空间的一体化与网络化，整个地下空间宛如一座地下城市，包括了地铁车站、隧道、商业街、停车场以及公路隧道等一系列地下设施，早期工程采用的是明挖法施工，后期地铁区间隧道及公路隧道采用的是盾构法施工。

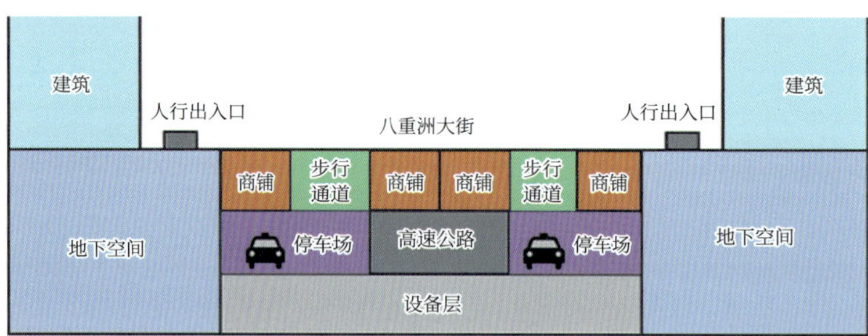

2. 隧道工法

工期	1986 年 4 月—1989 年 4 月
隧道长度	619m
隧道断面	高 7420mm，宽 12190mm
地质	洪积砂，粉砂层和砂砾层
覆土厚度	23 ～ 26.5m
最小曲线半径	400m

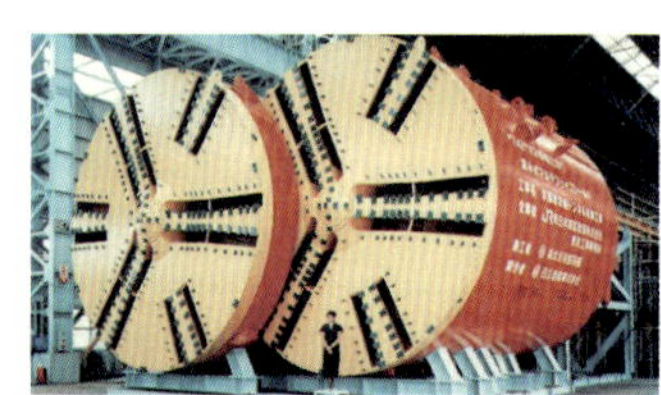

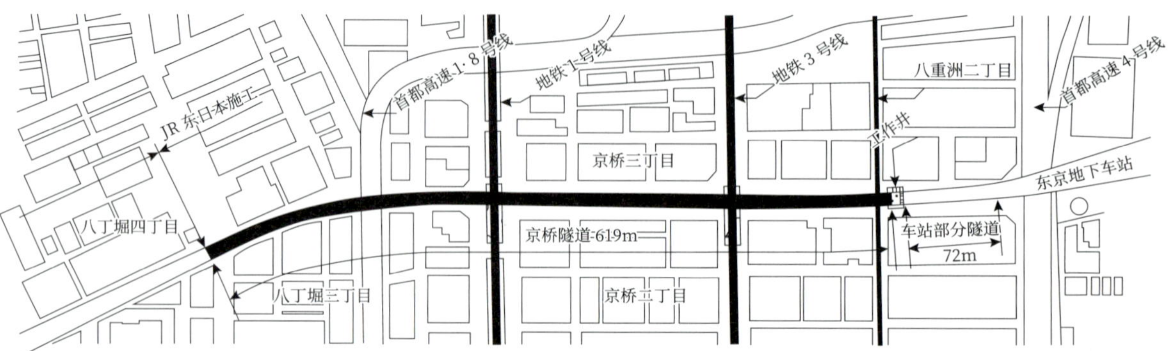

3.2.3 更新拓建与未来发展

1. 更新过程

由于要维持运营同时进行改造，叠加征迁因素，更新工程长达10年，主要工作如下：

- 在丸之内站前广场两侧建设双子塔楼，中间通过步行平台和大雨棚连接。
- 八重洲一侧拆除铁道会馆，重建车站广场后，原来的八重洲口广场深度为35m，改造后扩大为45m，大幅改善公交车与出租车进出功能。
- 通过膜结构的大雨棚“Grand Roof”创造出宽敞的站前广场空间，并且将原来被阻断的自八重洲大街到皇宫的视线轴重新连接起来，形成了新的城市轴。
- 广场空间通过沿线绿化、雨水和中水的使用以及安装干雾，缓解了热岛效应，还引进风力发电来降低环境负荷。

2. 总结

东京站八重洲地区位于东京站的东大门，由于开发较早，八重洲地区面临着设施陈旧、功能单一、环境品质不足等问题，与站西区的现代化城市环境形成较为明显的反差。为促使地区更新发展，八重洲地区编制了都市更新计划，主要措施包括加强东京站前交通节点功能，将分散在人行道上的公共汽车站集中在新建的公交终点站，扩充步行空间，提高换乘便利性；优化东京站和周边市区的步行联系，构建连接东京站、八重洲地下街、京桥站等地区的地上、地下步行网络，通过增设地上、地下广场提高城市活力；引进具有国际竞争力的城市功能，包括增设国际教育设施、公寓酒店等；通过增设可再生能源网络、紧急发电设施、临时避难空间、物资储备等，加强公共设施的平灾结合利用，提高地区综合承载力和防灾韧性。

3.2.4 地下空间环境营造

1. 开发理念

- 立体功能清晰，广场商业、停车场及高速公路、设备及管廊分层分区布置，有机整合城市功能。
- 快慢系统分离，有效缓解片区交通压力，地面步行与车行交通秩序井然，体现现代都市风貌。
- 节点空间丰富，“花、石、光、水”四大广场各具特色，浓淡相宜，打造宜人城市空间。
- 结构清晰简明，主干通道顺直高效，交通流线快捷。

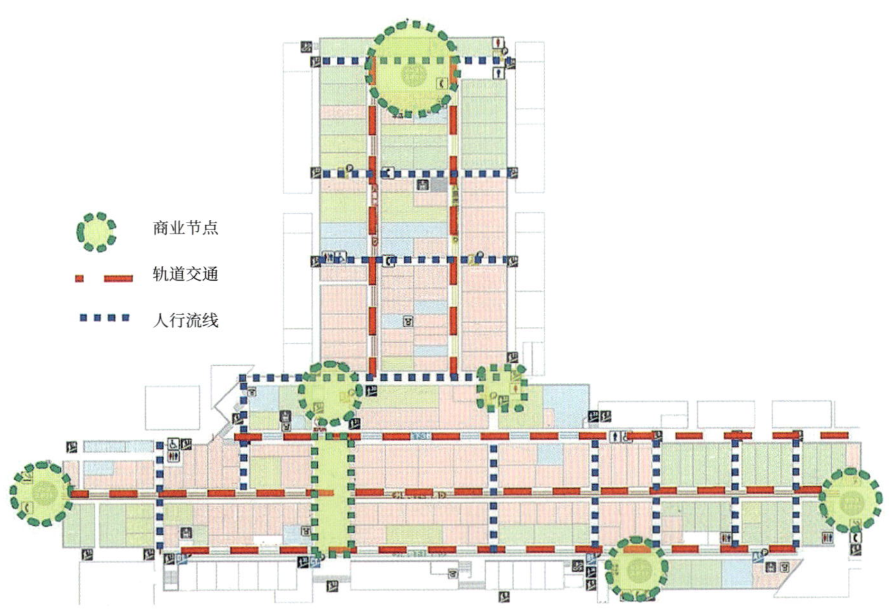

2. 环境营造

◆ 空间整合

以改善片区城市交通为契机，分层将人流、车流引入地下，利用完备的停车场和其他基础设施，促进形成高品质城市公共空间。立体化、复合化的综合开发进一步对城市交通、商业设施等形成有效的整合。

❖ 多元导向设计

以快速疏导为目的，通过对流线的深入分析，对流线上的各种需求进行多元化设计，结合节点位置、大小与空间尺度进行导向标识设计，通过视觉艺术表达强化，不拘于固定形式。

在人流节点位置设置的导视标识

3.3 名古屋“荣”地下空间

3.3.1 规划布局

1. 项目概况

“荣”综合交通枢纽站位于名古屋市中心，建成于 2002 年，这是一座以水和绿色的宝石箱为主题，以宇宙、大地、银河组成的现代化城市公共交通枢纽站，2005 年世界博览会在此举行。该枢纽站在有限的面积里，创造出巨大的空间资源和经济价值，涵盖了水的宇宙船、银河广场、轨道交通、公共汽车中心站、21 世纪科学情报中心、地下商业街等多元化建筑功能。作为名古屋的商业中心，每天来这里购物旅游的人次在 50 万以上，地铁和轨道交通日均约 24 万人次，公交车日均约万余人次。

2. 水的宇宙船 + 银河广场

水的宇宙船：为下沉开启式银河广场的屋顶层，呈椭圆形的斜面，为玻璃钢构结构。屋顶高悬于广场上，距银河广场地面 22m，距公园地面 14m。屋顶面中部设计为一个约 1700 m²的喷泉水池。水池周围设置 3.2 ～ 7m 的散步道，人们在离地面 14m 的高处散步，似在半空里遨游。

银河广场：一部分用于举办展览、集会等市民参与度极高的活动，另一部分作为交通换乘广场，与周边的地下空间，地铁站、公交枢纽、“荣”地下商业街、爱知县文化艺术中心、日本 NHK 电视台及名古屋电视中心等建筑空间相连接。

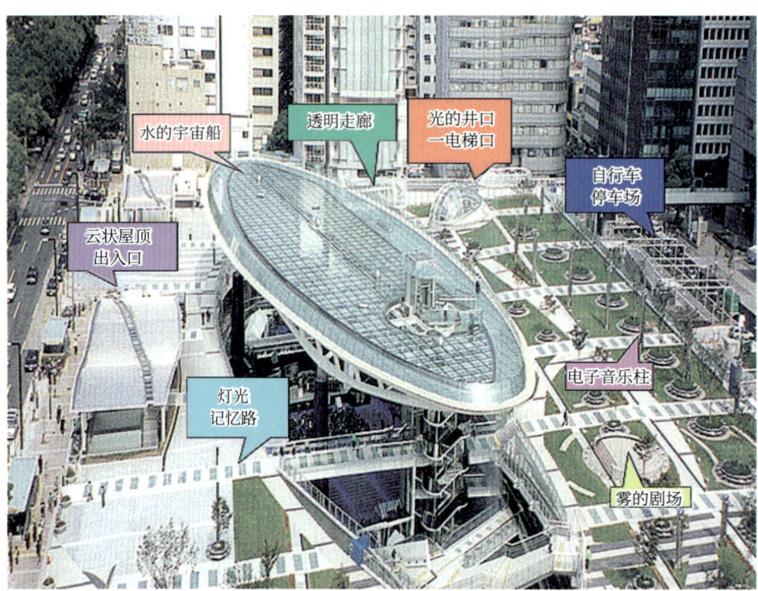

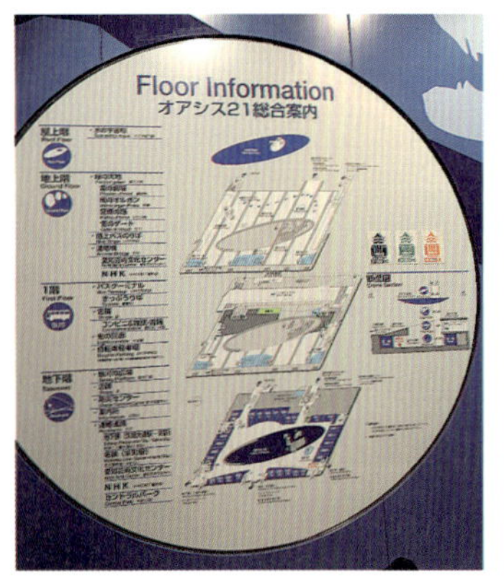

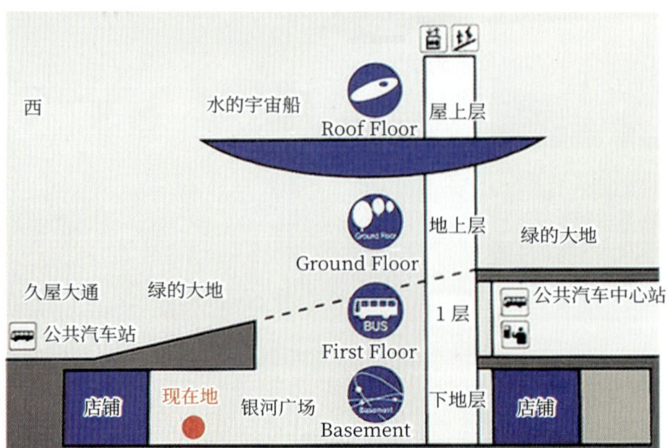

3. 轨道交通

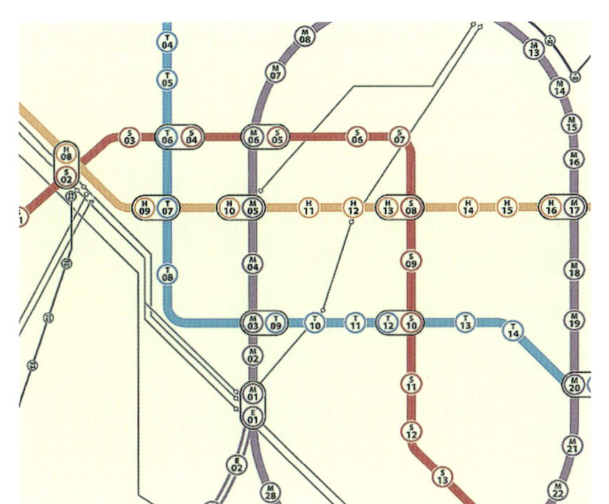

“荣”：位于名古屋市中心的大通公园下，为地铁名城线和东山线的换乘站，地下三层为名城线侧式站台层，地下二层为东山线岛式站台层，地下一层为两线的地铁进站站厅层，分别设置了东、西、南、北、中五个进站付费区。并以地铁为核心，向周边辐射发展，纵横向延伸设置了三处地下商业街，从而形成四通八达的地下交通系统。

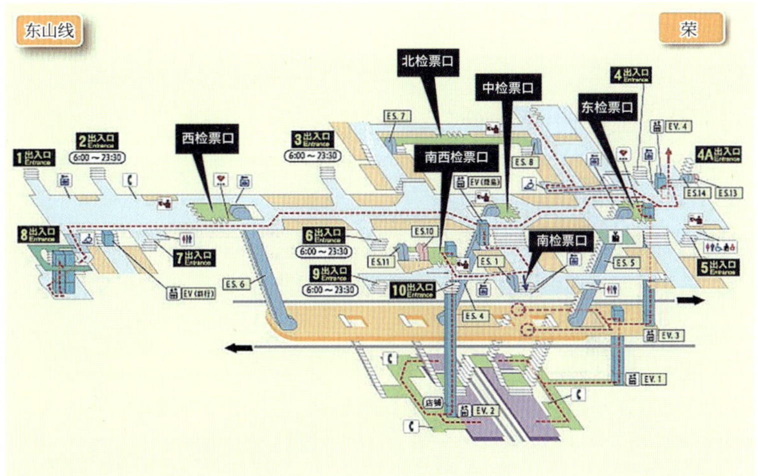

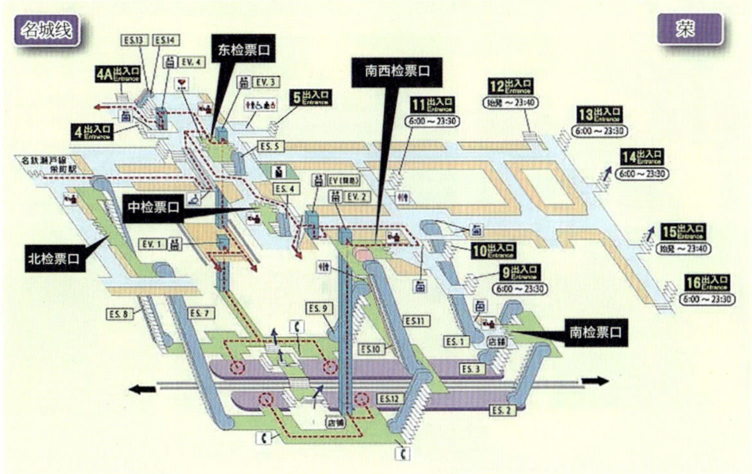

4. 公交枢纽

“荣”公交枢纽站：从环境资源利用、城市公共立体空间机能的充实，提高土地利用率等多方面，打造了完美的城市核心区公交枢纽站复合模式。“荣”公交枢纽站设置于名城线地铁站上方的地下一层夹层空间内，其上设置为地面公园。此处共运营了四家公司的 25 条公交线路，设置 10 个站台和 7 个预备停车位，日均一万余人次。在建筑设计中，巧妙地将公交枢纽的车辆进出站路径隐藏于公园和地面建筑中。公交枢纽站复合模式在公交枢纽为城市核心区服务，聚集人气提升城市活力的同时，城市核心区也为公共交通提供客流，支撑公交的可持续发展。

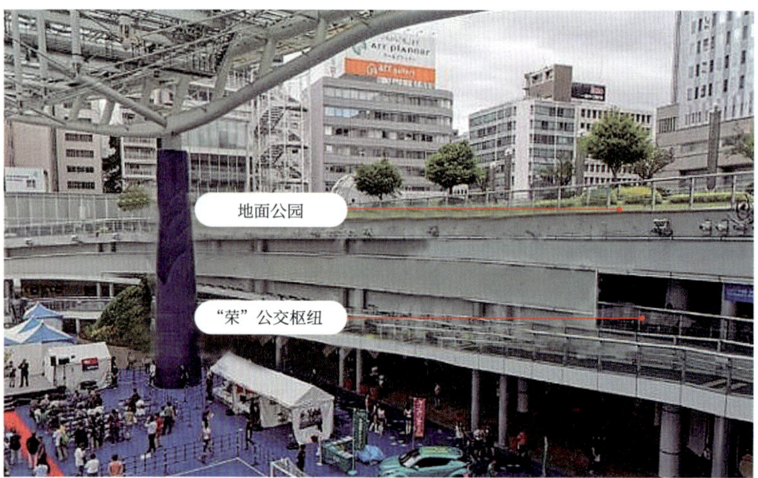

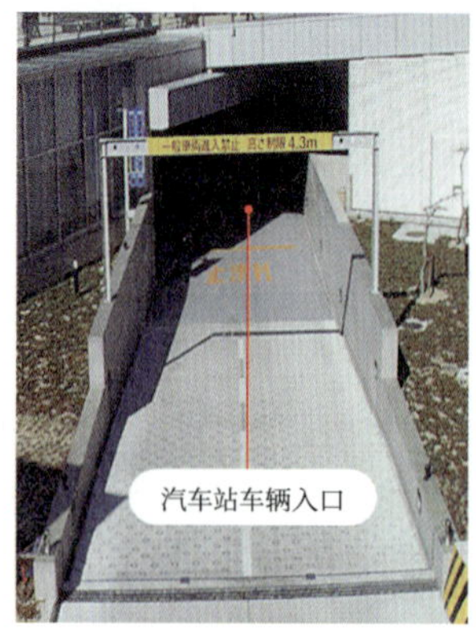

5.“荣”地下商业街

地下商业街共分三大商业区，分别是粉色区域的中央公园、绿色区域的“森”地下街、橙色区域的“荣”地下街。

“荣森”地下商业街建成于 1978 年，与地铁共同形成人流与交通的集散地。地下街解决了公交和地铁换乘过渡问题，使得 20 多条公交终点站设在地下一层，进入中心区地面不见有车辆。其商业面积 0.93 万m²，以商店为主，地下通道宽达 8m，设置 29 个出入口，地下任何一点到出入口最大距离 30m，通过 2 处下沉广场与公园和周边设施地面巧妙衔接，将人流与车流有序引入地下，为城市中心在发展过程中如何整合交通和人流提供了一种处理办法。

3.3.2 更新拓建与未来发展

- 创造具有国际性、区域性职能的据点和交通门户，确保安全的同时减少环境负荷。

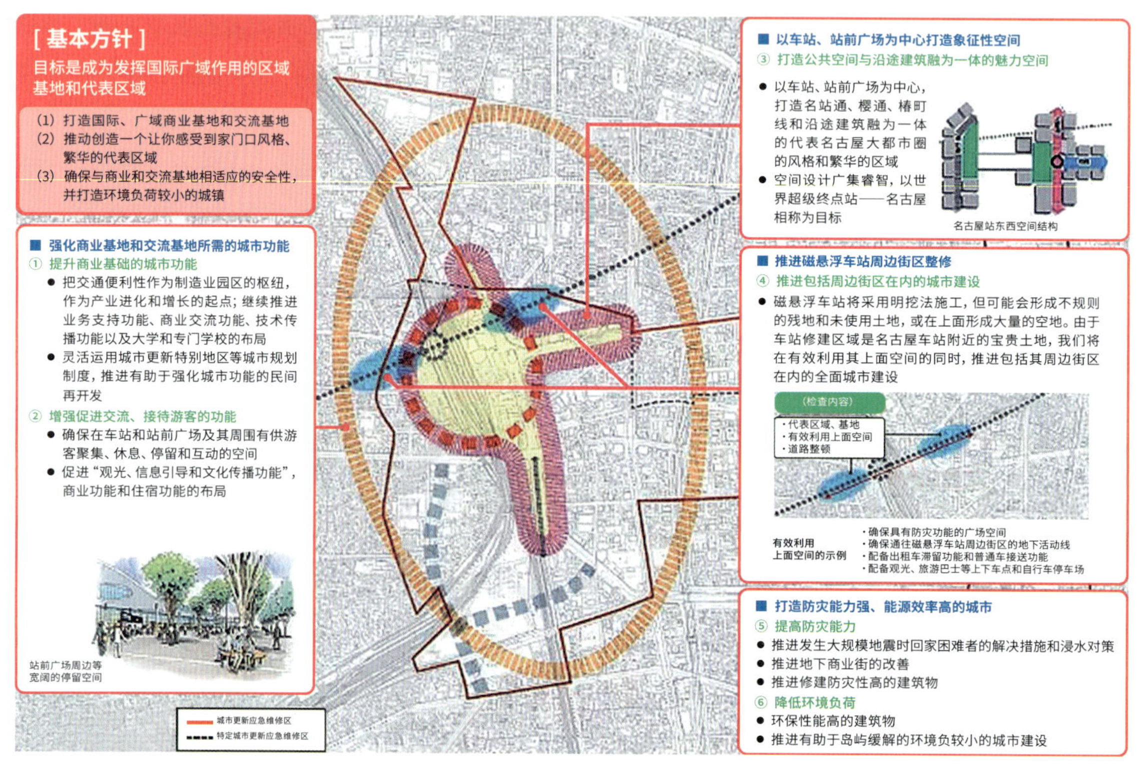

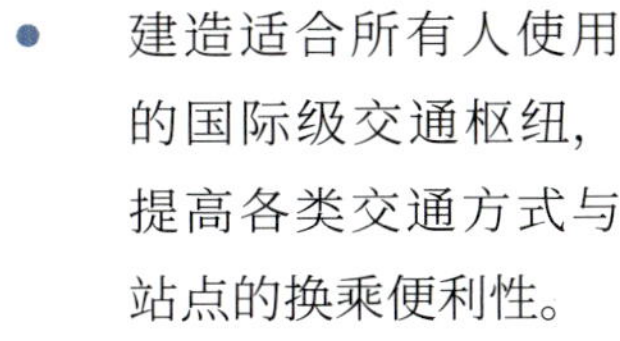

- 建造适合所有人使用的国际级交通枢纽，提高各类交通方式与站点的换乘便利性。

注：不指定各交通设施的位置

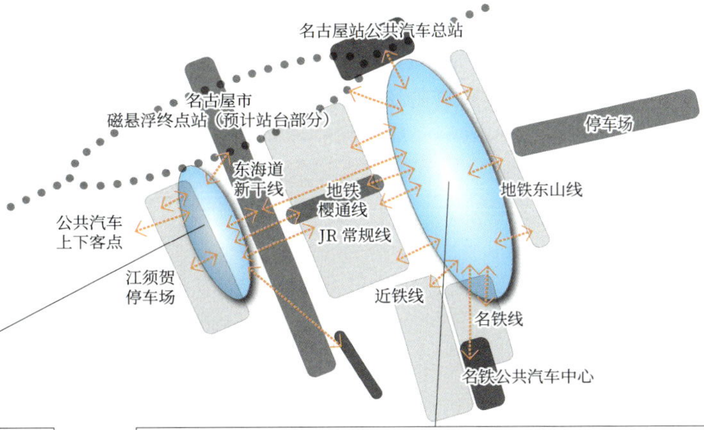

名古屋站公共汽车总站
名古屋市
磁悬浮终点站（预计站台部分）
停车场
东海道
新干线
地铁
樱通线
地铁东山线
公共汽车
上下客点
JR 常规线
江须贺
停车场
近铁线
名铁线
名铁公共汽车中心

- 东海道新干线、地铁樱通线、青波线、地下停车场之间的动线尽可能笔直
- 确保连接磁悬浮、地面交通设施和地下停车场的动线

- 确保连接中央大厅和地铁东山线之间的换乘动线路尽可能笔直
- 确保 JR(包括磁悬浮)、名铁线、近铁线、地铁之间的换乘动线尽可能笔直，确保高能见度的广场空间

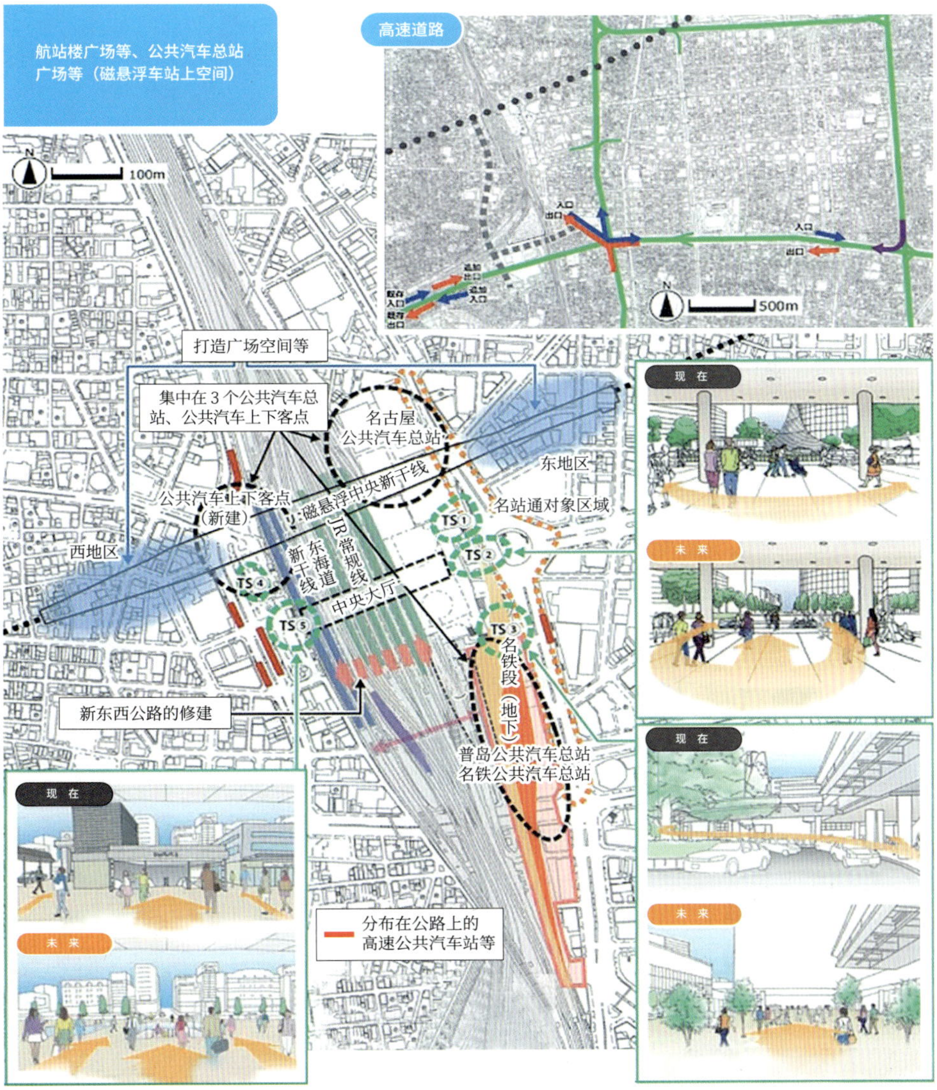

航站楼广场等、公共汽车总站广场等（磁悬浮车站上空间）

高速道路
入口
出口
500m

100m
打造广场空间等
集中在 3 个公共汽车总站、公共汽车上下客点
名古屋
公共汽车总站
东地区
磁悬浮中央新干线
公共汽车上下客点
（新建）
名站通对象区域
西地区
新东海道干线
JR 常规线
中央大厅
TS1
TS2
TS3
TS4
TS5
名铁段（地下）
新东西公路的修建
普岛公共汽车总站
名铁公共汽车总站
分布在公路上的高速公共汽车站等
现 在
未 来
现 在
未 来
现 在
未 来

- 以人为本创造新旧交织、多彩魅力的街区，并将其联系起来，形成有趣的步行空间，提升洄游性。

产业技术纪念馆
则武森林
外堀通
名古屋方向
圆顿寺商店街
四间道
名站三丁目周边
中村公园方向
柳桥市场界限
纳屋桥堀川
荣方向
椿町周边
名站南

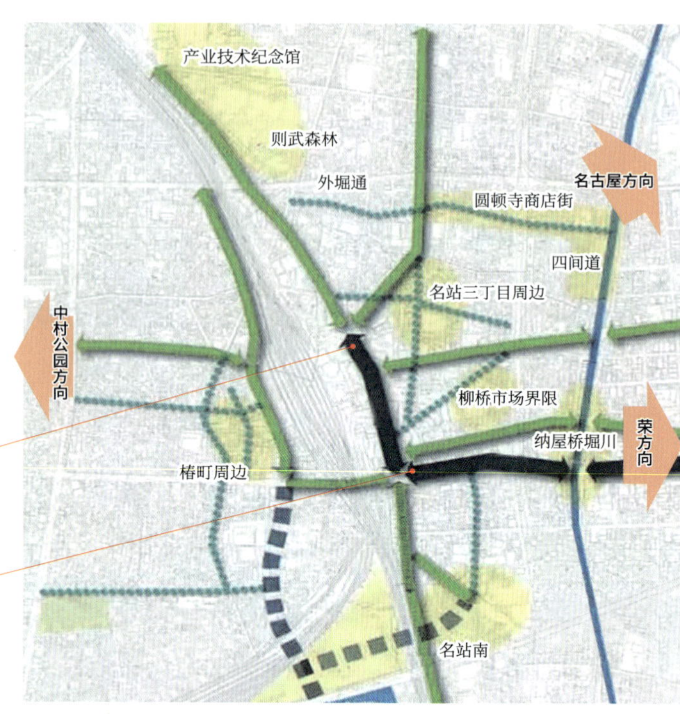

- 扩大步行空间，以打造作为站前门面有吸引力的连接车站与城镇的空间

- 打造与沿途形成一体的繁华空间，作为连接荣区的协作轴

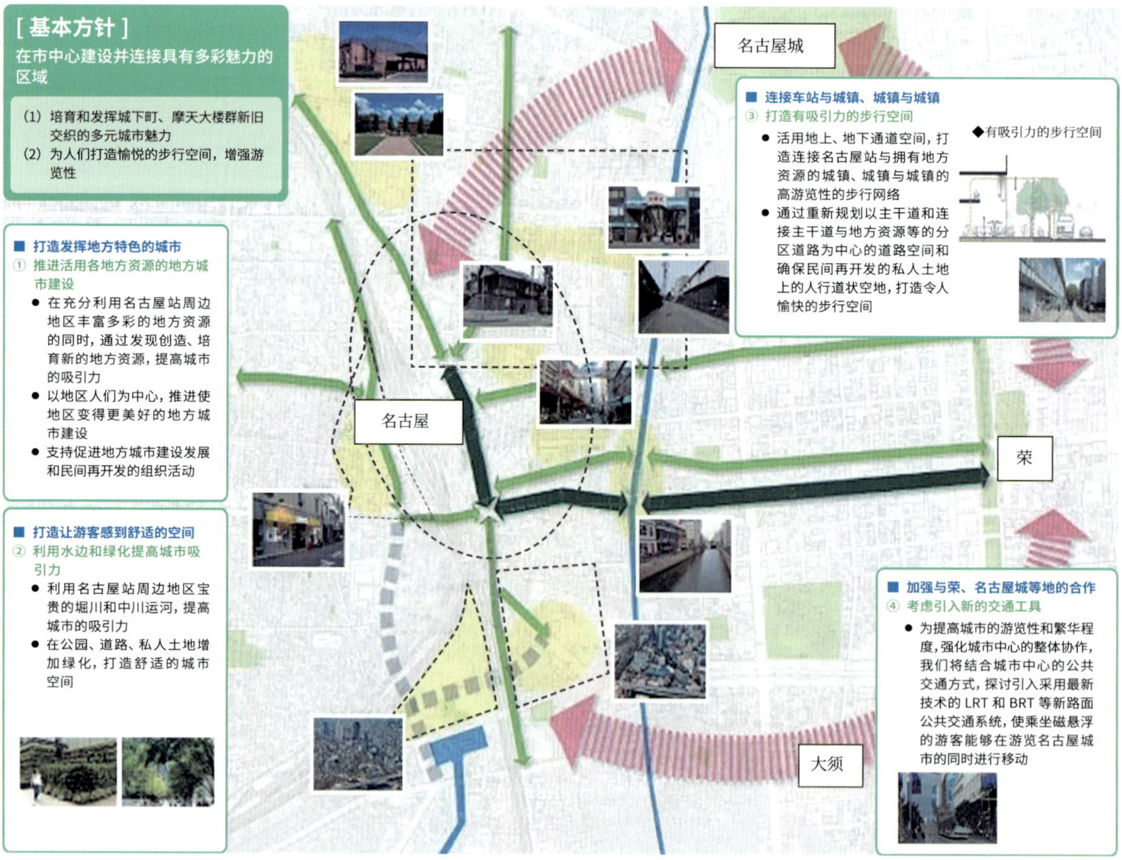

[基本方针]
在市中心建设并连接具有多彩魅力的区域
(1) 培育和发挥城下町、摩天大楼群新旧交织的多元城市魅力
(2) 为人们打造愉悦的步行空间，增强游览性
■ 打造发挥地方特色的城市
① 推进活用各地方资源的地方城市建设
● 在充分利用名古屋站周边地区丰富多彩的地方资源的同时，通过发现创造、培育新的地方资源，提高城市的吸引力
● 以地区人们为中心，推进使地区变得更美好的地方城市建设
● 支持促进地方城市建设发展和民间再开发的组织活动
■ 打造让游客感到舒适的空间
② 利用水边和绿化提高城市吸引力
● 利用名古屋站周边地区宝贵的堀川和中川运河，提高城市的吸引力
● 在公园、道路、私人土地增加绿化，打造舒适的城市空间
名古屋城
■ 连接车站与城镇、城镇与城镇
③ 打造有吸引力的步行空间
● 活用地上、地下通道空间，打造连接名古屋站与拥有地方资源的城镇、城镇与城镇的高游览性的步行网络
● 通过重新规划以主干道和连接主干道与地方资源等的分区道路为中心的道路空间和确保民间再开发的私人土地上的人行道状空地，打造令人愉快的步行空间
◆有吸引力的步行空间
名古屋
荣
大须
■ 加强与荣、名古屋城等地的合作
④ 考虑引入新的交通工具
● 为提高城市的游览性和繁华程度，强化城市中心的整体协作，我们将结合城市中心的公共交通方式，探讨引入采用最新技术的 LRT 和 BRT 等新路面公共交通系统，使乘坐磁悬浮的游客能够在游览名古屋城市的同时进行移动

- 以中央新干线开通为基础，政府与民间一起协同推进实现规划构想。

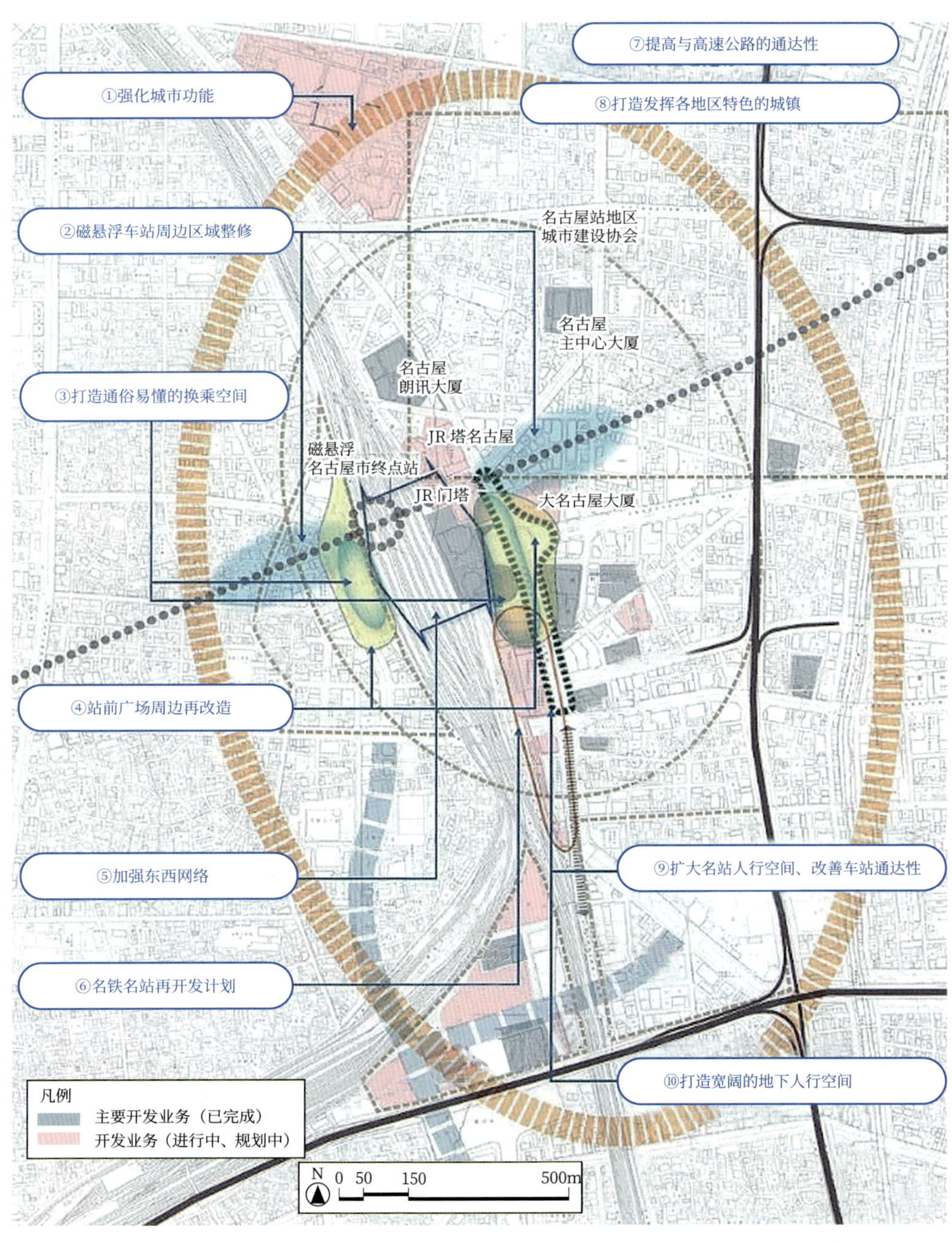

3.4 京都站前地下空间

3.4.1 规划布局

1. 项目概况

京都站的设计源于“京都是历史之门”的构思，由日本建筑师原广司设计，建成于 1997 年。汇集了 JR 西日本、JR 东海、近铁京都线、地铁乌丸线，以及多条巴士线路，每日运载约 60 余万人次的客流，是日本最具活力的交通枢纽之一。23 万m^2的京都站，用于交通站点的面积仅占大楼的 1/20。商业、餐饮、娱乐、文化艺术、旅游等占了绝大部分面积。高强度的混合功能，使京都站远远超越车站的能量，成为城市生活服务与交通高度复合的城市综合体。

西口

2. 功能布局

京都火车站是一个综合建筑体，占地面积约 3.4 万m²，总建筑面积约 24 万m²，分地下 3 层，地上饭店部分 16 层，百货商店部分（伊势丹）12 层，塔屋 1 层，高达 60m。与国内的火车站不同，这里没有大面积的售票厅与候车室，乘客基本都是通过“交通卡”与自动售 / 检票机完成购票→检票→进站的过程，坐火车就和国内坐地铁一样方便。所有列车站台设置在地下，通过 1 层的一条长约 100m 的车站长廊贯连。

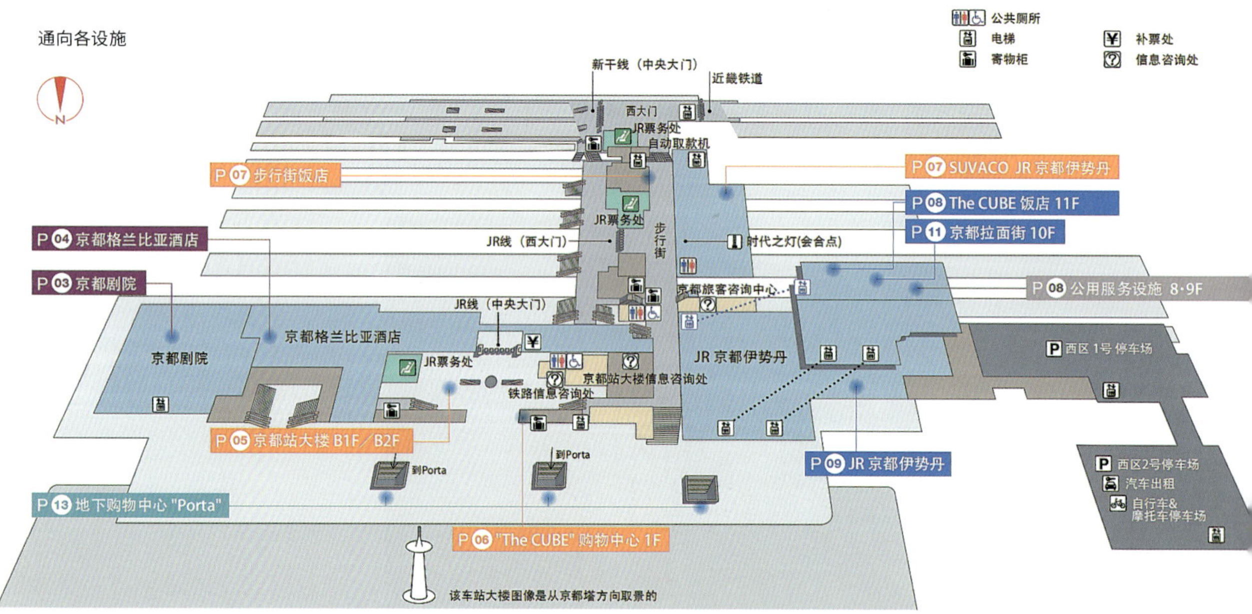

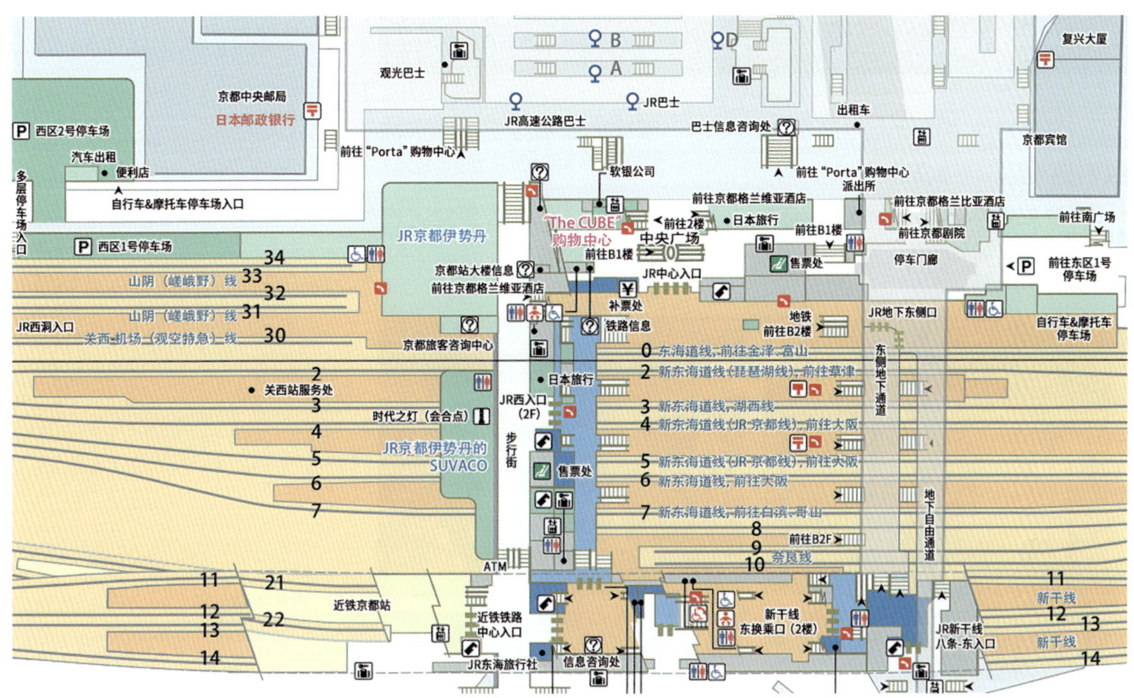

站前地下区域为 Porta 购物中心，作为连接车站与私铁站（市内地铁）、公共汽车站、出租车停车点的人行通道枢纽，该地区客流量充盈。结合人行通道枢纽“快”的特点，分散布置了各类快消品和手工艺品、快速的沙龙美容服务以及各类快餐。

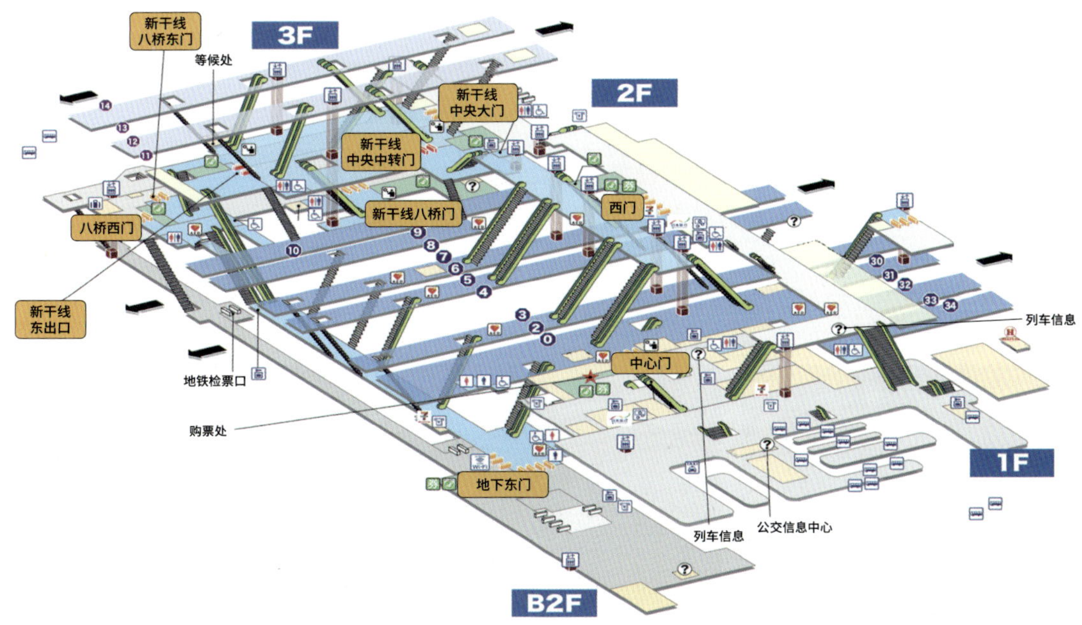

3. 内部空间

京都站地下街业态主要以时尚生活、餐饮、服务为主。内部流线四通八达，导向标识清晰。

在有条件的空间布置平面商业，避免单行道造成单调的人行流线。

4. 出口及节点

地下空间的出入口导向、出入口设置、疏散逃生模式、节点景观装修处理清晰，在主通道或纵横通道交接处空间做装修处理，给人一种舒适感受。

3.4.2 更新拓建与未来发展

1991 年，京都站采取国际竞标的形式，以更新公共交通系统、更好地服务旅客、焕发城市活力为设计目标，采用了原广司的方案，历经 6 年的艰巨历程，于 1997 年竣工。

1. 更新过程

京都身为千年古都，对城市景观的限制极为严格，一般建筑限高为 31m。而原广司设计的京都站高达 60m，且占地面积庞大，把京都一分为南北两段，其崭新的设计概念与古都的历史风情乍见有些许违和之感，然而当你真正身处其中，却会发现很多不可思议的亮点。

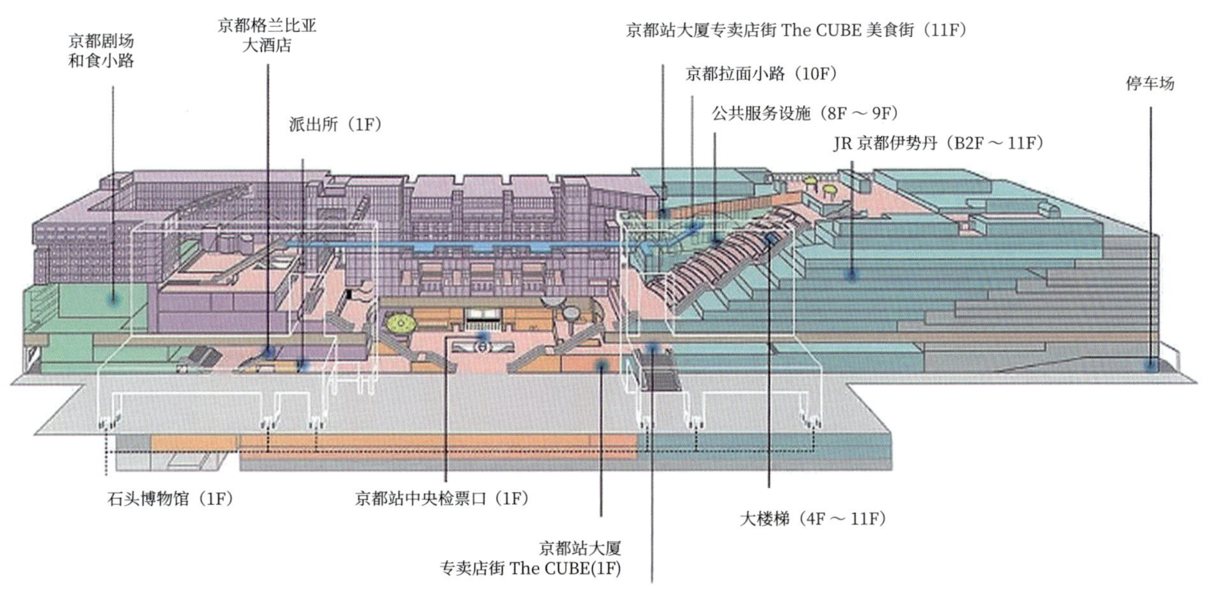

利用了平安京的城市特征——条坊制，代表玄关口的大门设置在乌丸通和室町通。中央大厅则袭山谷之形，东西两侧呈山丘之状。中央大厅的中庭顶部以玻璃和金属框架组合为盖，4000 块玻璃切割出了天空的形状，延伸了建筑内部的空间感，营造出与大自然相融的氛围。

2. 总结

时髦的外形让很多人觉得是破坏了古都的传统景观，民间的反对运动曾大肆展开。然而，也不乏赞成的声音表明，从某种意义上来说它也是京都精神的产物。至明治维新后迁都前的千年间，京都一直都是日本潮流文化的发源地。京都人是出了名的兼容并包，热爱尝试新鲜事物，从来都不肯止步不前，不惜在时代的洪流之中去淘汰腐朽、留存精华。

在注目与非议声中崛起的京都站，是沿袭“保存、再生、创造”都市计划的艺术作品，是京都人在遵循传统之下的大胆创造，是不同于古寺神社的新潮空间，是今日古都的文化地标，亦是接纳你我这般异乡游人的京都之门。

3.4.3 地下空间环境营造

1. 开发理念

- 高强度的功能混合，站城一体，升华成为城市生活服务与交通高度复合的城市综合体。
- 空间收放自如，主厅统领全局，强化聚焦场所的核心地位，成为传统城市空间的延伸。
- 业态以时尚生活、快消餐饮、轻奢服务为主，全面覆盖 1 ～ 3h 通勤圈旅客需求。

2. 环境营造

❖ 城市之门

主厅位于城市空间结构结点上，联系着室内、室外及各层空间，在各个层面高度上与各层的使用空间形成回路，所有功能汇聚于此，顶部覆以曲面的金属网架和玻璃。

❖ 传统美学

摒弃严肃的对称设计手法，出乎意料的肆意点缀随处可见，恰到好处地破坏平衡而又调剂视野。

❖ 装修设计

节点景观装修处理清晰，在主通道或纵横通道交接处空间做聚焦处理，用色大胆，鲜亮色块出其不意，避免视觉单调的同时，增加空间的灵动。

3.5.1 规划布局

1. 项目概况

六本木新城，建成于 2003 年，又称六本木之丘，位于日本东京闹市区内的六本木，由森集团主导开发，是日本目前规模最大的都市再开发计划之一。这个占地接近 120000 m²的新地标，按照下个世纪东京理想风貌而建，筹划17年，投资近170亿人民币，启用后，风靡全日本。六本木之丘集中了时尚名店、五星级酒店、餐厅、朝日电视台、美术馆、住宅公寓，紧邻地铁都营大江户线，已被视为新世纪的城市综合体。

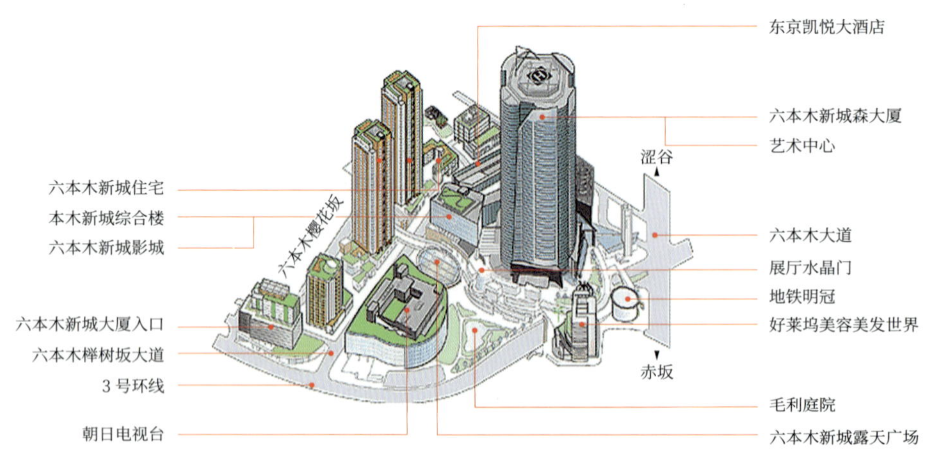

2. 项目特点

- 保留六本木新城现存的水系和绿化之外，还整合了周边的公园和广场空间。
- 将规划区内一半以上的区域作为户外开放空间，加强地区与都市之间的融合与协调。
- 充分利用地铁交通系统与都市公共交通系统，将地区商业活动与东京整体观光旅游相结合。

开发前

开发后

3.5.2 工程建造技术及特点

日本城市地铁建设最初主要是采用明挖法进行施工，进入 20 世纪 70 年代以后，盾构法开始应用于地铁隧道并成为隧道建设的标准方法。

传统上，车站常用的是明挖法，然而随着城市化的快速发展，城市过密化的急剧形成，征用土地日益困难，明挖法的应用受到了较大的限制，最近逐渐形成了车站部分也采用盾构技术的局面。盾构法地铁车站建设主要考虑施工深度、地面交通、管线、周边建（构）筑物等边界条件。

东京地铁大江户线的“六本木站”，由于车站周边建（构）筑物密集、交通量大、地下埋设物多等因素，造成明挖施工条件极其困难，不得已采用了特殊的盾构法施工。

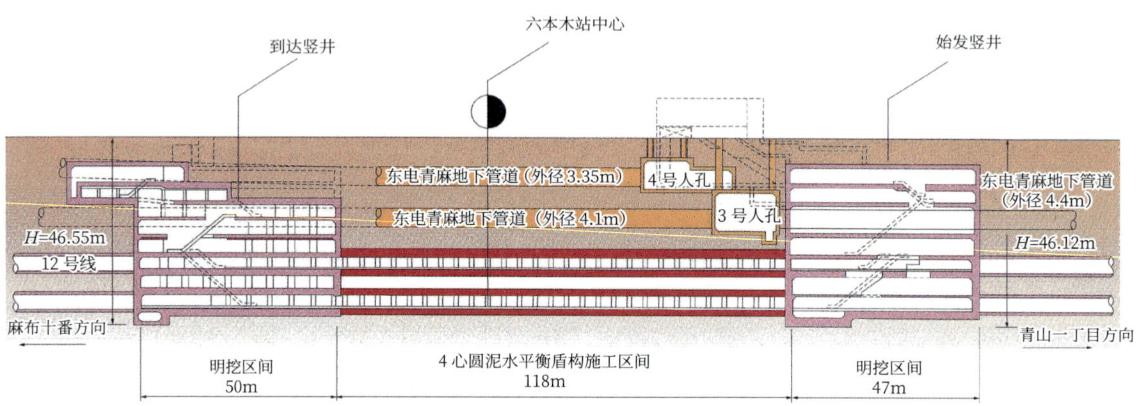

六本木站上下两层均设有站台，下层站台埋深约42m，车站长度约220m。在车站两端采用明挖法先施工竖井，始发和接收竖井长度约50m，车站中部约120m采用4心圆泥水平衡盾构掘进。

车站上层覆土厚28m，下层覆土厚38m，上下两层各用1台4心圆泥水平衡盾构掘进，两层间隔2.7m（0.4*D*，*D*为开挖直径）属于非常邻近施工工况，盾构机外形尺寸宽×高×长=13.18m×7.06m×8.1m。

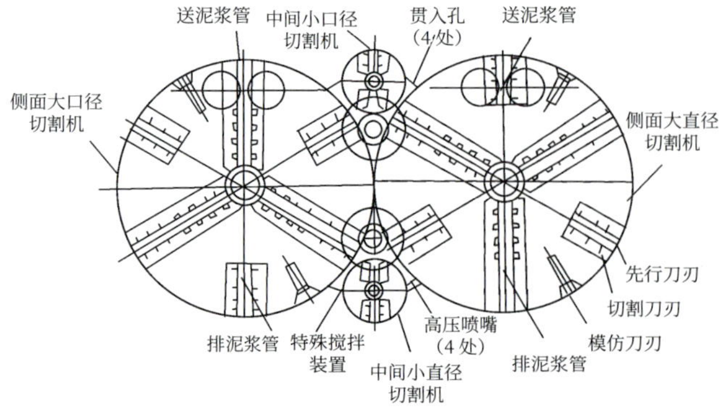

3.5.3 更新拓建与未来发展

六本木新城诞生前，朝日电视台周边街道狭窄，建筑物陈旧且密度极高，其空间格局与我国汉口车站路周边原来的小街巷情况颇为相似，出现连消防队要通过也是极为困难的交通堵塞状况。在此背景下，六本木地区改造项目启动，由森大厦株式会社主导，并由包括美国捷得国际建筑事务所、KPF 建筑设计所等多家国外大设计事务所主持设计，历时 17 年完成这一典型的组群式城市商业综合体的建设。以下为六本木新城建设历程。

1. 更新过程

❖ 第一阶段

1986 年随着东京港区重划区完成，朝日电视台本社总公司一度迁移。由于森大厦株式会社因权利变换成为东京港区再开发项目的主导者，紧跟东京港区重划区针对六本木地区制定大规模重新开发地区计划。1987 年，东京港区政府引导制定“改建方案课题研究”。1988 年，港区政府召开“改建方案说明会”，在 5 个地区开设“城市发展圆桌会议”。

1996 年

2000 年

2003 年

❖ 第二阶段

1990 年，“六本木六丁目再开发及计划筹备委员会”成立，“东京向上魅力委员会”成立。1992 年，召开“改建地区方案概要说明会”。1995 年，东京都政府告示决定城市规划方案，“改建城市地区规划”“一类市中心改建项目”等规划明确。1997 年，港区政府告示改建地区的区域再开发项目启动。东京都政府和港区政府统一公共设施管理者。1998 年，“六本木六丁目地区市中心改建委员会”成立，项目设计开始。1999 年，东京都政府获准土地权利变更计划申请报批，项目设计完成。

❖ 第三阶段

2000 年，东京都政府获批土地申请，确定项目名称为“六本木新城”，4 月开始动工，最多有 1 万人从事该工程项目工作，总事业费大约 2700 亿日元（人民币约 170 亿元）。2003 年，项目竣工，同年 4 月 25 日开始营业。

日本地下空间规划体系包括地下都市规划制度、地下利用的总体规划、地下空间指导规划、地下交通网络规划、地下街规划五个部分。其中都市规划制度、地下利用的总体规划是总体层面的控制规划，而地下空间的指导规划、地下交通网络规划及地下街规划是片区层面的规划。城市化进程的不断加速，交通路网的不断拓展，为人们带来便利的同时也让人们备尝交通拥堵的烦扰。为打造更便捷、高效、宜居的生活，很多城市在规划发展上都在进行着积极的尝试。日本六本木新城以TOD模式给出了符合城市发展的答案，这种模式即所谓的“地铁上盖型商业”。

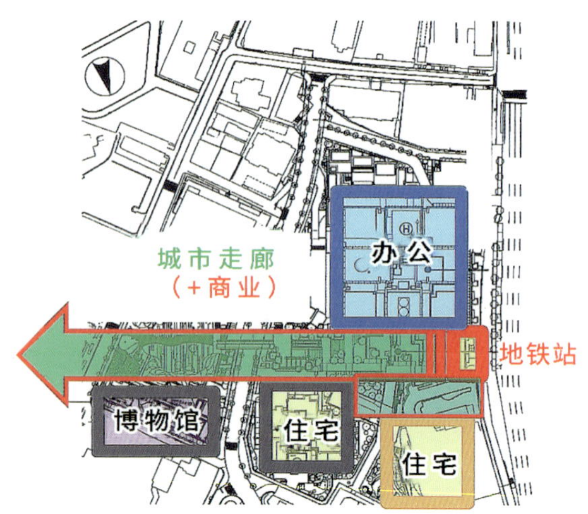

2. 未来发展

六本木新城提出了一种超大型都市复合型休闲文化商业中心的生活圈。依托交通优势，各种城市核心资源汇集于一处，打造了一个丰富且多变的复合设施。集合了地铁、公交、有轨电车及高铁等公共交通，办公、住宅、酒店、商场、美术馆、电影院也汇聚于此，形成了一个“垂直花园都市”。生活在这里的人，出行方式中公共交通占比超过了80%。

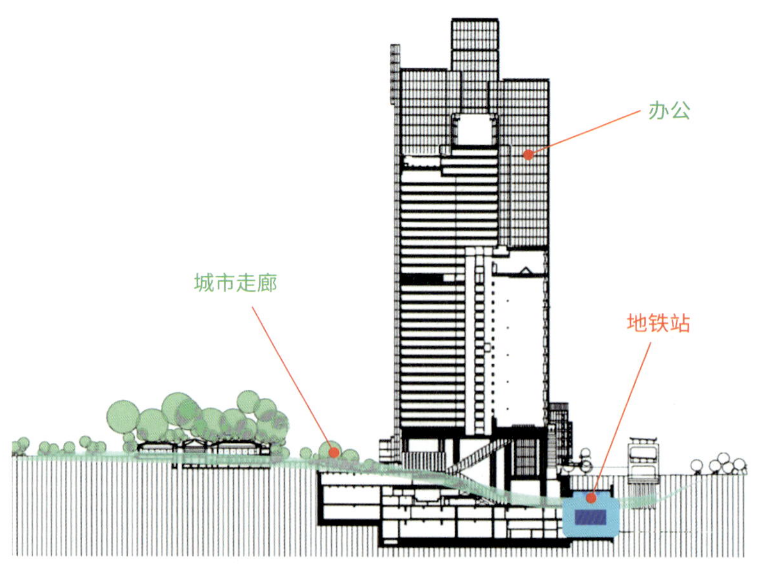

3. 总结

六本木新城的交通优势形成强大引力，吸引了各种年龄客群和家庭型消费客群在此汇聚。大量人口的注入势必增加区域商业、公园、医疗、教育等配套设施的完善。以六本木新城为代表的 TOD 模式，一共接驳了 3 条地铁，并且规划云集住宅、文化、餐饮、购物、娱乐、社交、艺术展馆、豪华影院与屋顶花园等多种功能，甚至还自带一个公园。一站悦享全功能生活场，“24h 城市潮流主场”的项目形象，在地铁线之上营造人的全天候生活场景，满足了人们对生活和环境多元化、多样性的追求。

3.5.4 地下空间环境营造

1. 开发理念

- 除保留六本木新城现存的水系和绿化之外，还整合了周边的公园和广场空间。
- 将规划区内一半以上的区域作为户外开放空间，加强地区与都市之间的融合与协调。
- 充分利用地铁交通系统与都市公共交通系统，将地区商业活动与东京整体观光旅游相结合，打造集约型城市综合体。

2. 环境营造

❖ 城市走廊

借助天然山丘地势，通过舒缓起伏的坡道、立体步行网络及分层垂直花园，将地铁、地下商业街、下沉庭院空间整合，促进城市功能迭代与空间提质。

❖ 垂直庭院

以垂直的流动线来思考空间的构成，使地上、地下空间渗透延续，创造多首层空间效益，有效改善地下空间结构。

◆ 景观艺术

景观节点处理精细，花园式的休闲空间搭配精巧的艺术小品，用曲线的绿篱或石墙勾勒边界，让整个新城沉浸在浓浓的艺术氛围里。

❖ 停车空间

共设12处停车场及摩托车和自行车的停放处。停车场的设计十分人性化，整个办公区和消费区的地下空间相连，白天办公区停车位不够时可以向消费区的停车场靠拢，晚上停车紧张的消费区可以往办公区分流。

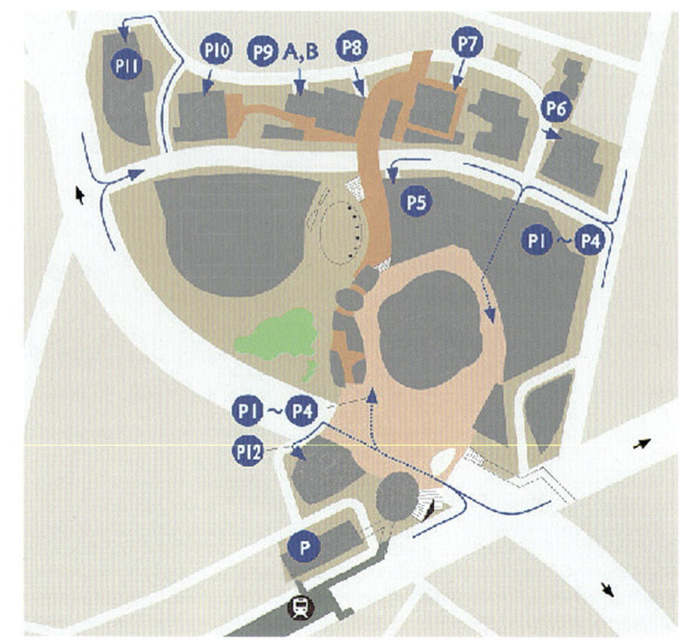

❖ 地铁明冠

将首层空间作为便利的交通交换中心来利用，地铁明冠连接地铁站与六本木新城的入口，将商业部分设置在地下一层、二层，及地上的二层到四层，通过一层便利的交通体系和公共空间的疏导，使地下、地上商业价值提升，形成具有便利性、聚合力，充满活力的综合体建筑。

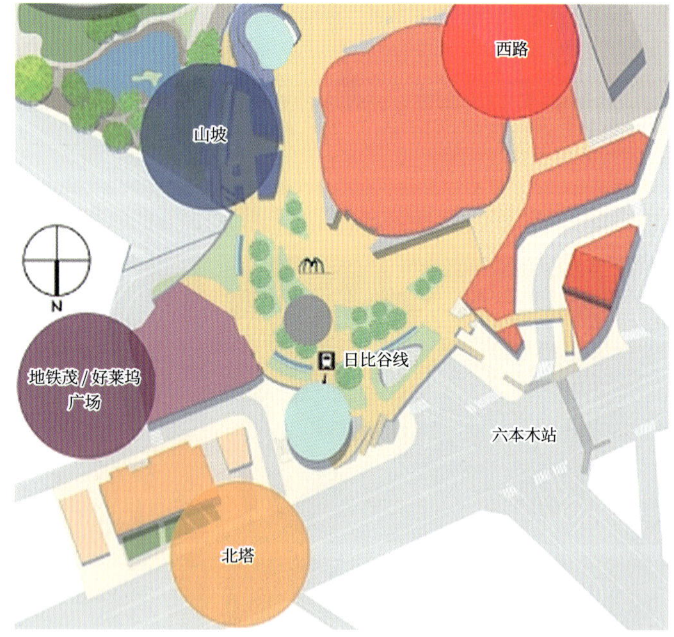

3.6.1 规划布局

1. 项目概况

地理位置	大阪市北区梅田 1 丁目大阪站前
建成时间	1995 年
出资比例	株式会社阪神百货店 40%，阪神电气铁道株式会社 60%
日均客流	包括新干线、各条轨道交通线、地下商业空间、工作居住等，日均人流达 200 多万

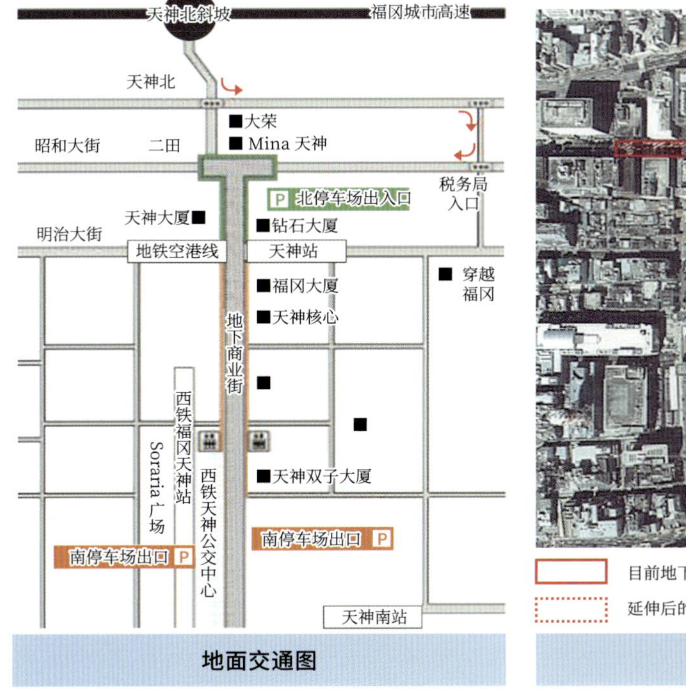

地面交通图

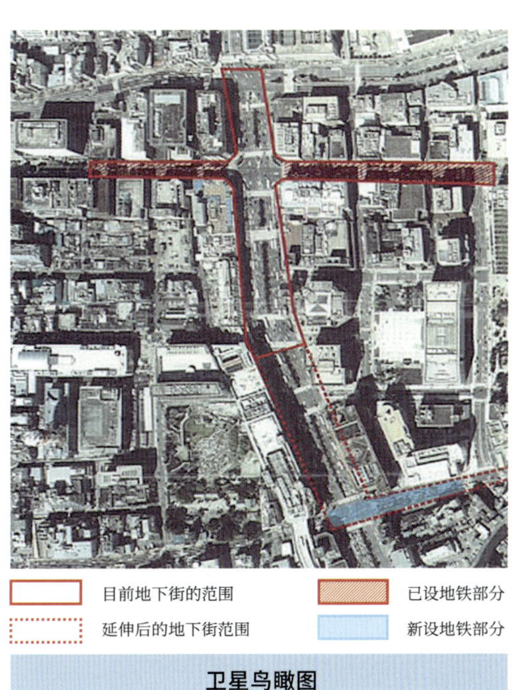

卫星鸟瞰图

2. 平面布局

负一层商业与各条轨道交通线、大阪火车站、周边开发的商住商办建筑等均无缝衔接，内部结合不同区位有通道式商业也有平面式商业，层高根据不同工程情况亦有区分。

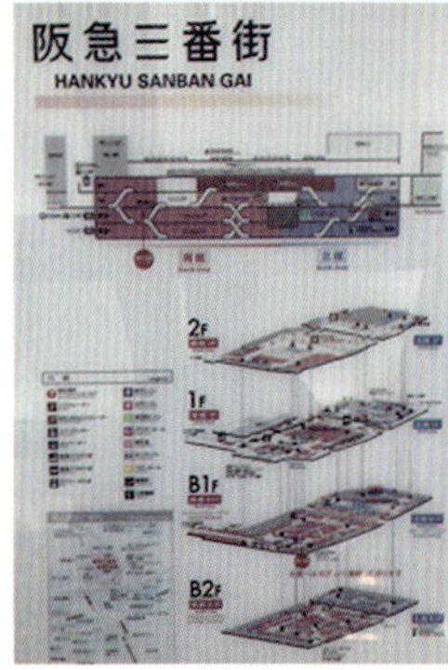

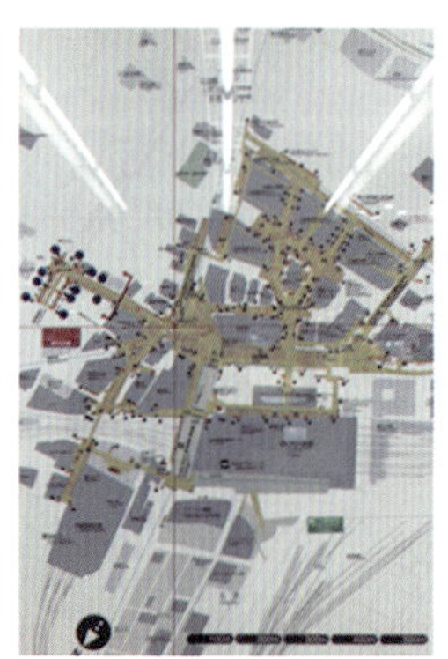

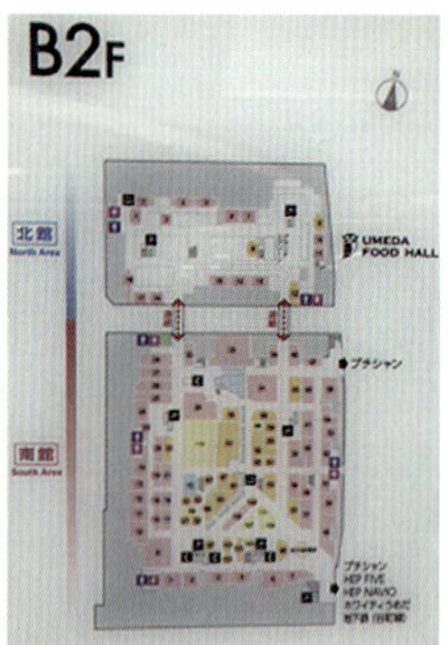

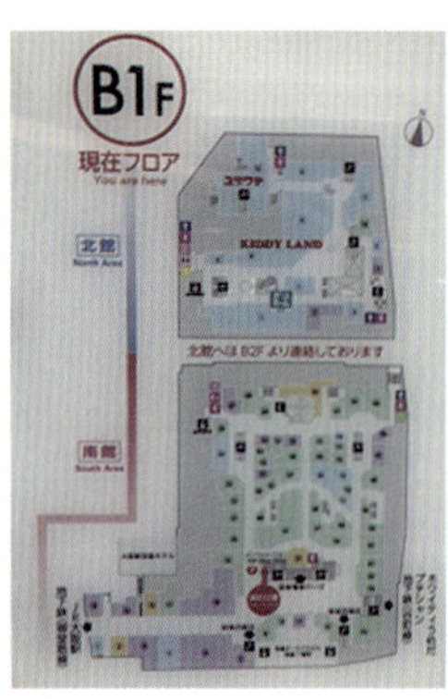

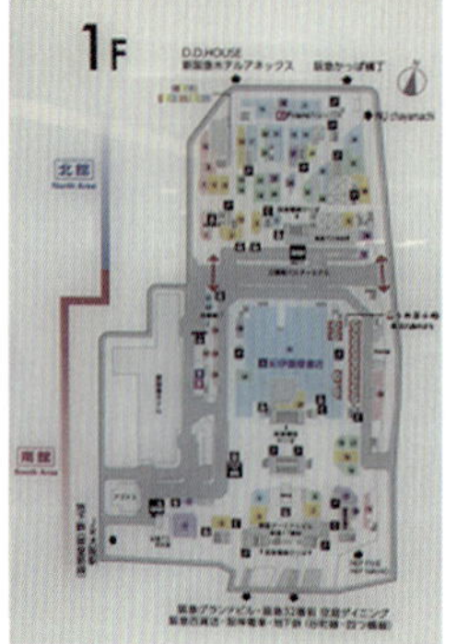

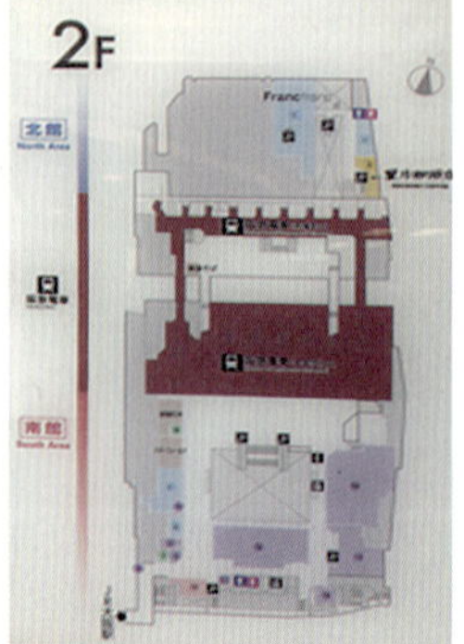

正在建设中的地下通道
地下通道
大楼的地下 1 层
大楼的地下 2 层
地铁 3 号线的站厅
13m
10m
5m
10m
4m
13m
大楼
福冈市役所
天神中央公园停车场
西铁福冈站
地下街延长部分
0
50
100
150m

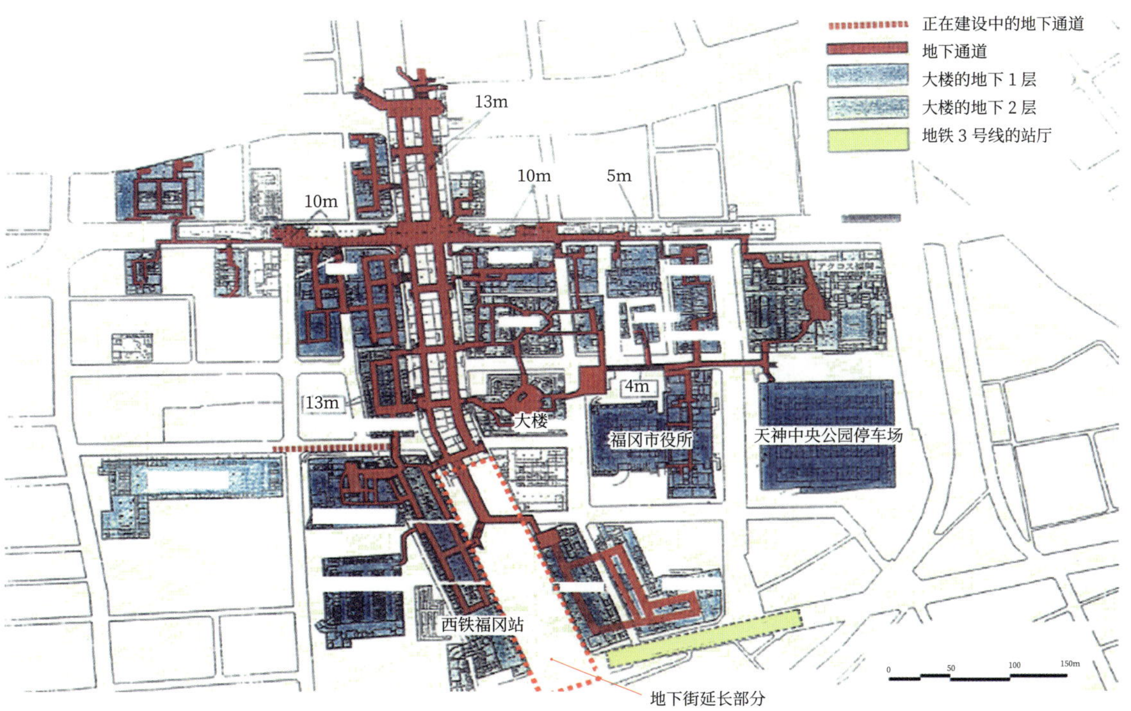

地下人行网络

3.6.2 地下空间环境营造

1. 开发理念

- 与既有地下通道全面贯通，进一步完善地下交通网络，缓解地面交通压力，改善片区城市功能。
- 与各条轨道交通线、大阪火车站、周边开发的商住商办建筑等接口处理，根据不同情况优化层高，实现无缝衔接。
- 构建以公共地下停车场与大楼附带停车场相连接的机动车网络，实现公共设施资源共享。

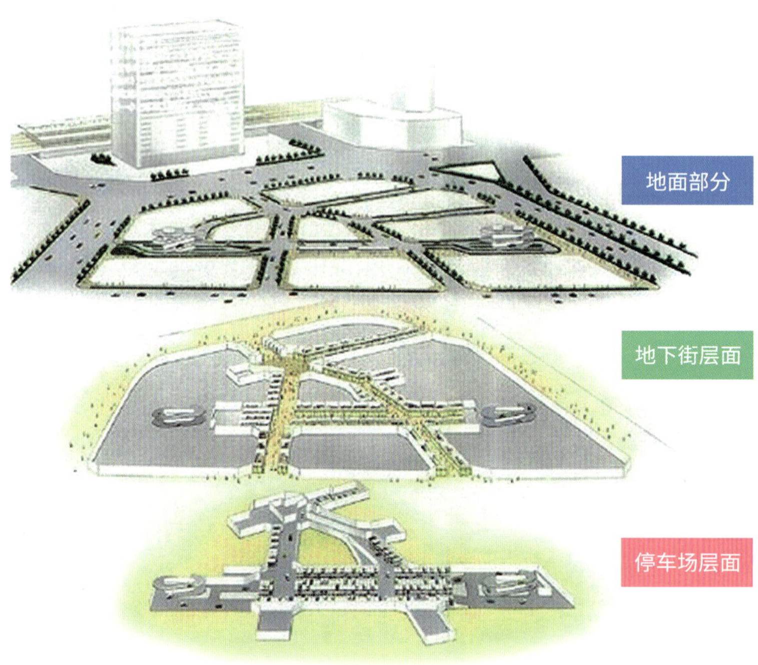

2. 环境营造

下沉广场

精心打造多个开放的下沉式入口和入口景观，每处随周边建筑体量、风格调整尺度，在解决通风采光问题的同时顺利引导人流。

❖ 采光天井

通过天井与长通道上部大天窗来引入自然光，极大地提高了地下街的光环境，消除地下空间沉闷压抑的消极感受，提高空间品质。

❖ 景观节点

通过引入“水”的元素，如通道中的瀑布水墙和天井处的流水，配合良好的自然光和绿化，有效改善地下街的物理环境。

◆ 地下商业

共划分 4 条业态主题不同的商业街，装修风格整体统一，通过石材不同的色调、拼花方式、灯光照明来体现不同的业态主题。

◆ 公共通道

宽度 8m 段无柱，宽度 12m 段设单柱，通过采光天窗或下沉广场引入自然光，打造出宜人的空间，将人流引入地下，避免地面不同交通形式之间的干扰。

◆ 导向系统

导向系统简单清晰，局部采用带有景观小品风格的导视牌，使地下空间更加舒适、更具特色、更加人性化。

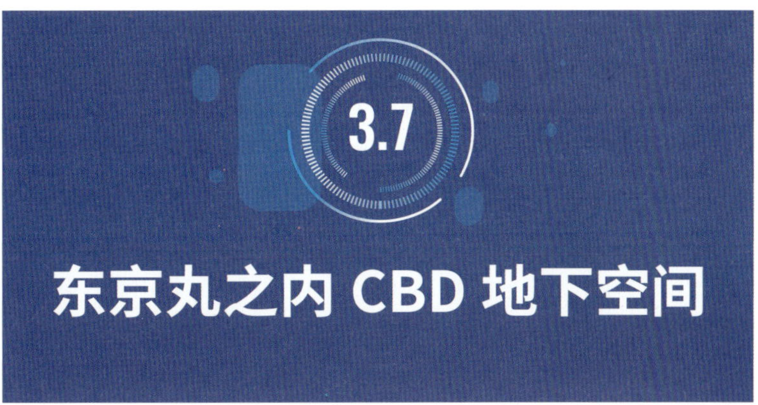

3.7.1 规划布局

1. 项目概况

丸之内位于日本首都东京市中心，坐落于东京都千代田区皇居外苑与东京车站之间，按北京人的说法，就是“皇城根儿”。整个区域包括丸之内、有乐町和大手町（总称为大丸有地区），总面积约 120ha。

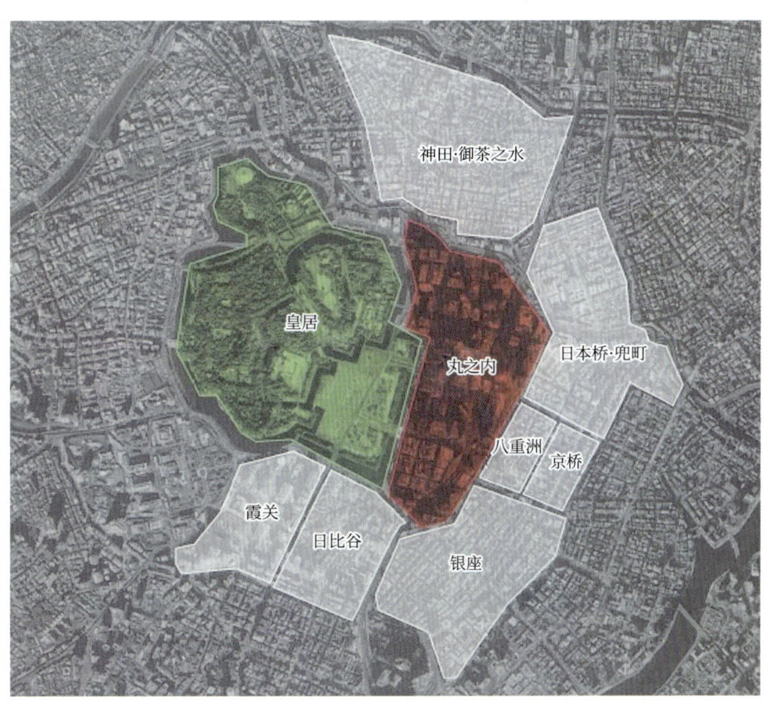

截至 2017 年，丸之内地区内建筑总数 109 栋，平均容积率高达 7.0 左右，入驻企业有 4300 家，约有 28 万白领在这里工作。地区内 92 家上市企业合并销售额约 135 万亿日元，相当于日本国内生产总值（GDP）的 25%，是全世界商务金融活动最频繁、最方便、最有效率的区域之一。

该区交通基础设施配有 28 条轨道交通线路、13 个车站，高速公路出入口 6 个，停车位约 13000 个，区内还有穿梭巴士，拥有极其便捷的交通网络。

2. 步行网络

丸之内的步行者网络由地上、地下两个层面构成，其中地上层面包括街道及私人用地内的步道、节点广场等，地下网络也在补充原有公共通道的情况下逐步完善。

以东京站、有乐町、日比谷、二重桥前、大手町等 13 个站点为核心，通过道路地下步行通道和各个大厦的地下通道，形成以东京站丸之内地下公共广场（兼具避难）为中心，从大街逐渐向小尺度街道分支，彻底打通了各私有地块的地下商业空间，呈现出像血管一样分布的地下步行者网络。

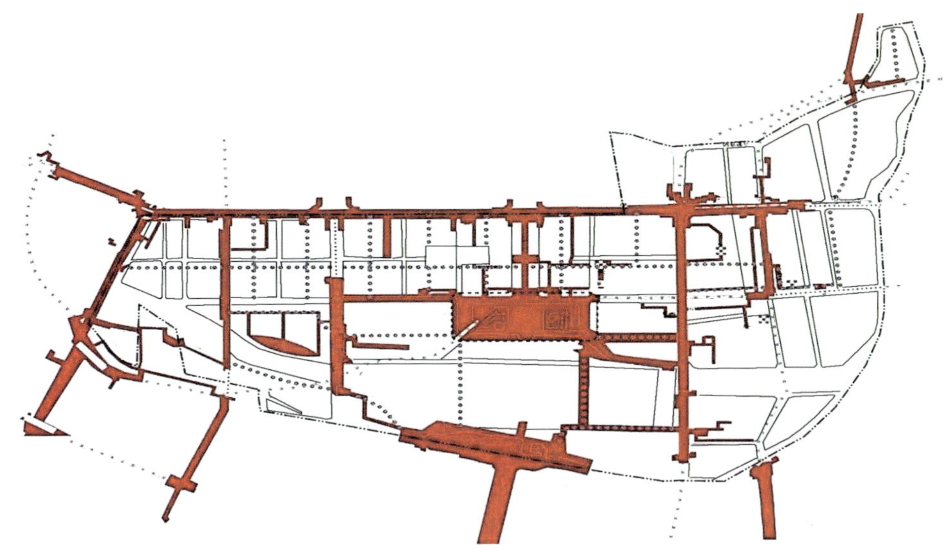

地下步行通道直通各大厦的地下层，路边各种精美的店铺为步行者空间增添魅力。地下通道与大厦连接的部分，设置挑空空间直通地上层，或可自然采光的下沉广场等。

为了提升地下公共步行通道的活力和吸引力，该区还定期举办街边集市、展览等公共活动。

3.7.2 更新拓建与未来发展

1. 更新过程

一期开发始于 1890 年，丸之内地区的土地被政府转让给三菱地所，并制定了建设近代办公区的开发计划，创建了丸之内设计中心（三菱地所的前身），并作为开发主体建造了以 3 层砖砌西式建筑为主的丸之内办公区。自那时起，沿区域两条主要道路——马场前大道和丸之内仲通，依次进行了建筑的持续性建设，同时通过建筑物 15m 屋檐高度和红砖外墙这两种建筑元素，统一整个丸之内区域的城市景观。1914 年，东京站竣工之后，站前区域的东京海洋大厦、丸大厦、邮船大楼、中央邮局、交通部和银行协会等大型建筑也相继建成。

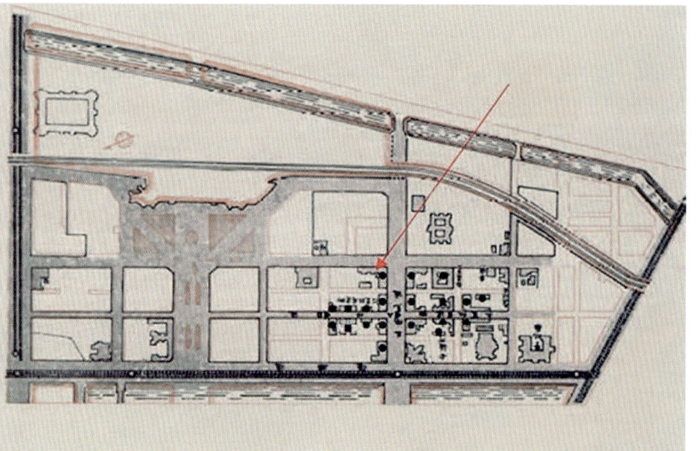

丸之内地区标志性建筑物丸大厦于 1923 年竣工，是当时最先进的项目。该项目地下一层为餐厅，一至二层为商业设施（如餐饮、商品销售），三层及以上是办公室，顶层（九层）则引入高级餐厅。建筑高 31m，总建筑面积约 62000 m²，一楼的特色商业设施十字拱廊在当时成为东京的热门景点，吸引了大量参观者。直到现在，该项目仍可与城市发展中许多复合建筑开发项目的综合设施相媲美。

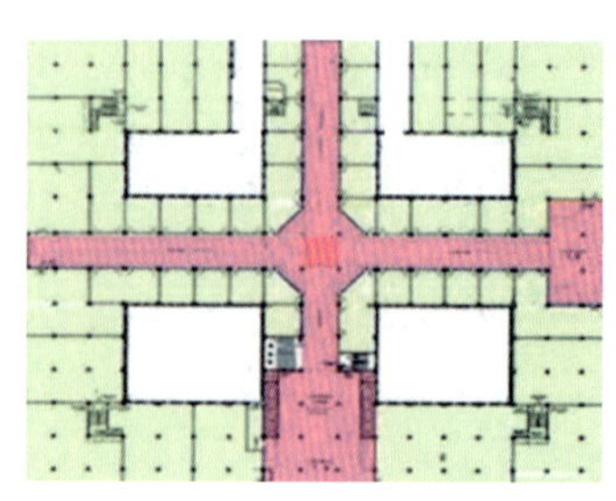

1937年，连接东京站和丸大厦的地下通道建成，随着丸大厦的访客逐渐增多，逐渐成为丸之内地区的人群流动据点，也就是丸之内“地下步行网络”的原型。1952年新丸之内大厦竣工，东京站至有乐町之间区域的街道体系也初具雏形，这种独特的地区性“地下和地面步行网络”从此开始持续开发。

20世纪60年代，日本经济迈入快速增长期，办公需求量增加，汽车流量也随之急剧增加。为了适应这种情况，丸之内区域正式启动了再开发计划。三菱地所在这次再开发中制定了描绘地区未来形象的“丸之内综合改造计划”。该计划对始于1890年的3层砖造办公区进行办公空间总量提升，以丸大厦的占地规模为基础进行街道规模的大型化（约10000m^2）设计，丸之内仲街拓宽21m，建筑高度统一为31m，旨在打造整齐有序的街道形象。二期开发计划历经10年，于1973年完成。

丸之内地区大多数建筑的功能为办公和辅助办公的餐饮、商业功能，丸之内地区也由此成为标志性商务办公区和日本经济中心。与此同时，随着当时空气污染状况蔓延，为了防止污染，丸之内片区从建筑单体供暖转向区域供暖网络。

自 20 世纪 60 年代起，丸之内区域的主要交通方式开始了从东京市电铁（地面铁路）向地下铁的迭代，与丸之内地区紧密相关的丸之内线（新宿—东京—池袋）于 1959 年完成，之后 20 年间，东西线、日比谷线、千代田线、都营三田线、有乐町线和半藏门线相继建成。此外，日本国家铁路公司于 1964 年开通了东海道新干线，以配合东京奥运会。东北新干线和上越新干线（1991 年）、长野新干线（1997 年）陆续进驻东京站，总武线及横须贺线（1980 年）、京叶线（1990 年）的地下车站也相继完成，东京站的地下化得到了逐步推进。除改善交通网络外，丸之内还构建了连接各个车站的步行通道，形成高度便利的交通和地下步行网络，在这一时期，东京站的日客运量约为 100 万人次。

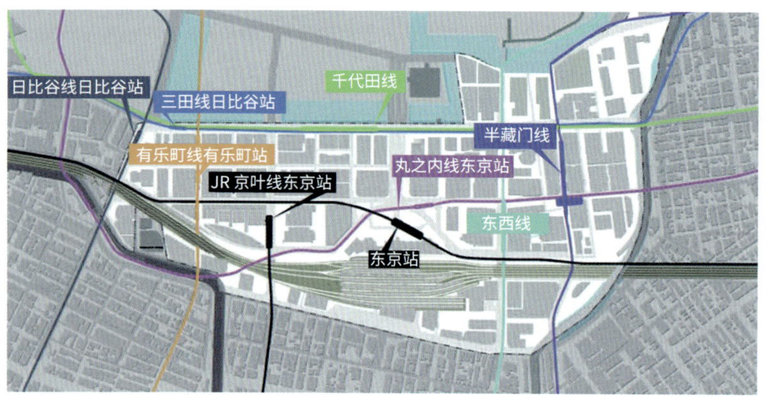

20 世纪 80 年代后，丸之内渐渐出现办公空间不足以及企业和社会急速信息化的情况。进入 20 世纪 90 年代，丸之内片区内一半以上是建成 30 年以上的办公楼，建筑物更新不及时，如何更新老化和陈旧的设施继而改善丸之内工作者的办公环境，也就成为该地区的一大挑战。一方面，在这个时期，丸之内片区所在的千代田区和中央区开始向港区和临海副都心进行功能扩张；与 JR 新桥站和 JR 品川站直接相连的极具便利性、最新设施与功能兼备的大型“TOD 城市开发”也在汐留 JR 货运站旧区（31ha）和品川站东口地区（16ha）持续进行，并开始出现企业和租户从丸之内向其他区域迁移的现象。另一方面，从 1990—2000 年，中国上海、中国香港、新加坡等“国际化大都市”迅速成长，与这些地区相比，日本东京作为“国际城市”的综合评价下降，这也对丸之内产生了巨大影响。

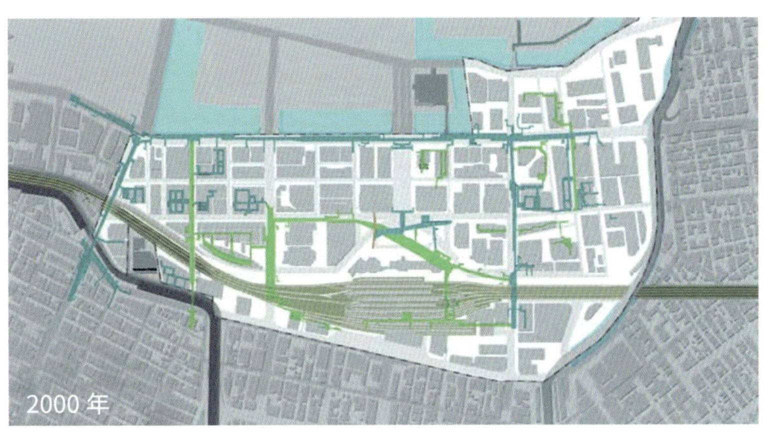

2. 未来发展

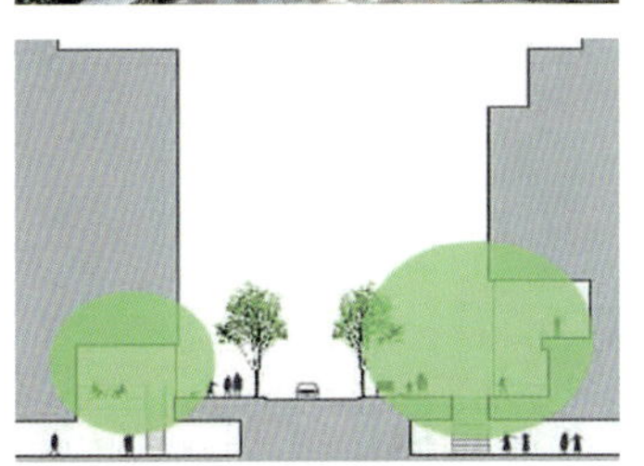

❖ 引领时代的商务区

通过银行、券商等高水平金融功能和相关配套服务功能，如商业公司、信息通信类国际中心功能的集聚，以此强化“大丸有地区”（大手町、丸之内、有乐町）作为国际商务中心的机能。此外，还将以商务中心机能强化为目标，持续推进人才培育、就业支持及办公环境改善的相关工作。

❖ 聚集人群的繁荣区

充分活用丸之内区域高度便利的交通、优越的景观及历史资源，并以此为基础，积极引进酒店、商业和餐饮等多种城市功能；强化文化功能，如举办国内外会议、研讨会、戏剧、音乐会、展览，以及创造具有公共性的室内外交流空间，将东京打造为具有多样化城市活动培育能力的国际大都市。

❖ 顺应情报社会的信息交流与传播区

建立可以支持丸之内区域全天 24h 信息交互的先进的信息基础设施，改善和充实会议设施、大堂空间、咖啡馆和餐厅等交流空间，以支持该地区活动人群之间的交流和沟通。

◆ 风格与活力相匹配的片区

江户时代以来持续不断的街区规划、皇居景观、独具特色的街道风貌都是丸之内区域宝贵的城市资源，这些极具历史意义的城市景观可以成为促进人们交流和挖掘区域活力的公共空间，通过这种区域营造方式强化“丸之内”之感，实现区域风格与活力的调和，打造和谐的丸之内片区。

◆ 方便舒适的步行化片区

构筑安全便利的地上地下步行网络，将每天约有 120 万人次利用的丸之内区域站点（JR 山手线、地铁）和建筑内外部公共空间连接在一起。实行老年人和残障人士都可以轻松使用的通用设计、国际化的多语言标志和指示系统，打造适合所有人方便舒适的步行化片区。

◆ 兼顾环境的环保片区

优化全区能源供需，减少二氧化碳排放，扩大可再生能源的引进，在建筑生命周期中推进能源、资源节约。同时将丸之内的环境同皇居及邻接公园在内的丰富的绿色资源、护城河、与日本桥川为主的滨水资源作为整体考虑，创造与自然共生的城市环境。

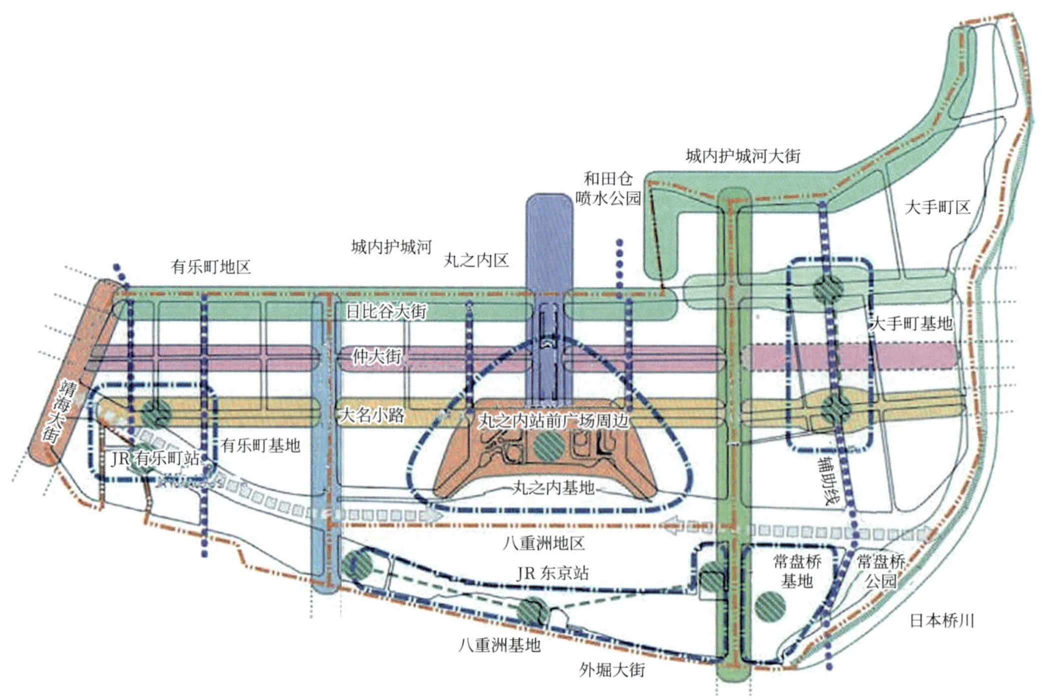

❖ 安全安心的片区

丸之内区域作为日本经济的中枢，需要建立完善的基础设施和管理体系，以保证在地震、台风等特殊灾难情况下的持续运营。除了提高电力、燃气、供水、污水处理、通信等生命线的抗震和多路复用，提高建筑物的抗震和防灾能力外，还要推进灾害期间防灾信息的收集、食物与用水的储存，为受困人员提供信息，提高区域防灾意识，建设安全安心的片区。

❖ 当地居民、政府与外来人员共同成长的片区

推进区域规划计划立项、公共空间改善、建筑物的更新、维护管理、活动开展等文化活动的官民协作（当地居民、政府与外来人员）。与地区内其他组织（如区域管理组织）及丸之内周边的神田地区、日本桥地区、八重洲地区、银座地区、日比谷地区的区域开发等相关组织进行职能合作与信息交流。

20 世纪 60 年代，日本经济进入高速增长时期，汽车出行随着办公需求的增加而增加，许多地铁线路被引入丸之内地区。随着社会形势的发展，丸之内利用其作为 TOD 的便利性，进一步扩大建筑开发面积，进行持续性大型开发。20 世纪末，由于日本经济泡沫破裂造成经济衰退，丸之内区域的活力急剧下降。造成这种情况的原因可能是未能跟上社会的变化，如丸之内对办公区进行适应经济发展的特殊化街区开发和建筑物功能更新的延迟及老化。换言之，如果丸之内区域只拥有便利性、区位优势和商务办公功能，其区域吸引力就会减弱，企业和租户也会逐渐迁往其他地区。

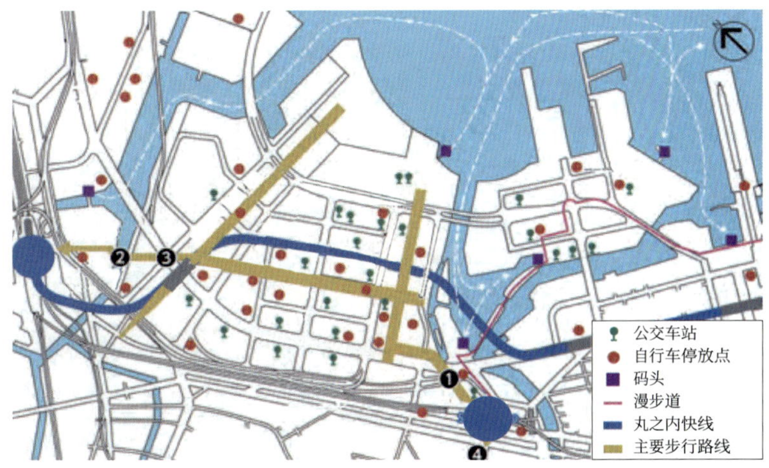

因此，第三阶段的再开发目标是重塑原有城市和街区的吸引力和活力。为此，丸之内进一步增强区域商务功能，引入多元化功能，创造繁荣和聚集、交流、休闲的多样化形象，这种再开发方法对提高城市的吸引力和价值至关重要。前文论述的地面和地下步行者网络的公共性已成为丸之内区域提高吸引力和价值最重要的城市设计元素之一。通过这些再开发方法，工作者和游客都能在丸之内感受到它的生机、亲切和舒适，这些共同构成了丸之内感受魅力和充满自然的城市空间。

城市和街区是“生命体”，随时间的变化而变化。创造城市空间价值，建立价值维持机制，设立积累城市价值的机制，是丸之内未来面临的主要挑战。

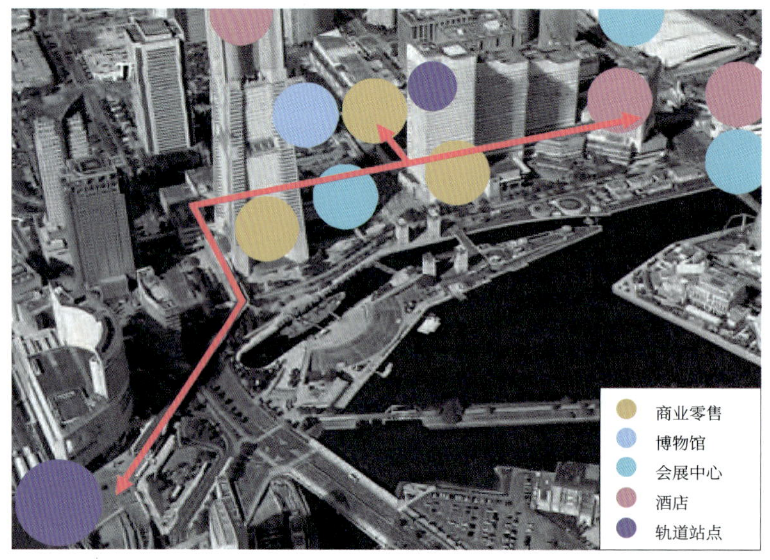

3.7.3 地下空间环境营造

1. 开发理念

- 以现有站点为核心，通过地下步行通道和各个大厦地下空间，形成以东京站丸之内地下公共广场为中心，从大街逐渐向小尺度街道分支的地下步行网络，提高了丸之内片区的便利程度，强化了该地区作为商务中心的功能地位。
- 地下步行网络与地面步行网络紧密结合，构成方便舒适的步行化片区，地上、地下共同构建支持人们聚集和互动的多元化城市功能，激发城市活力。

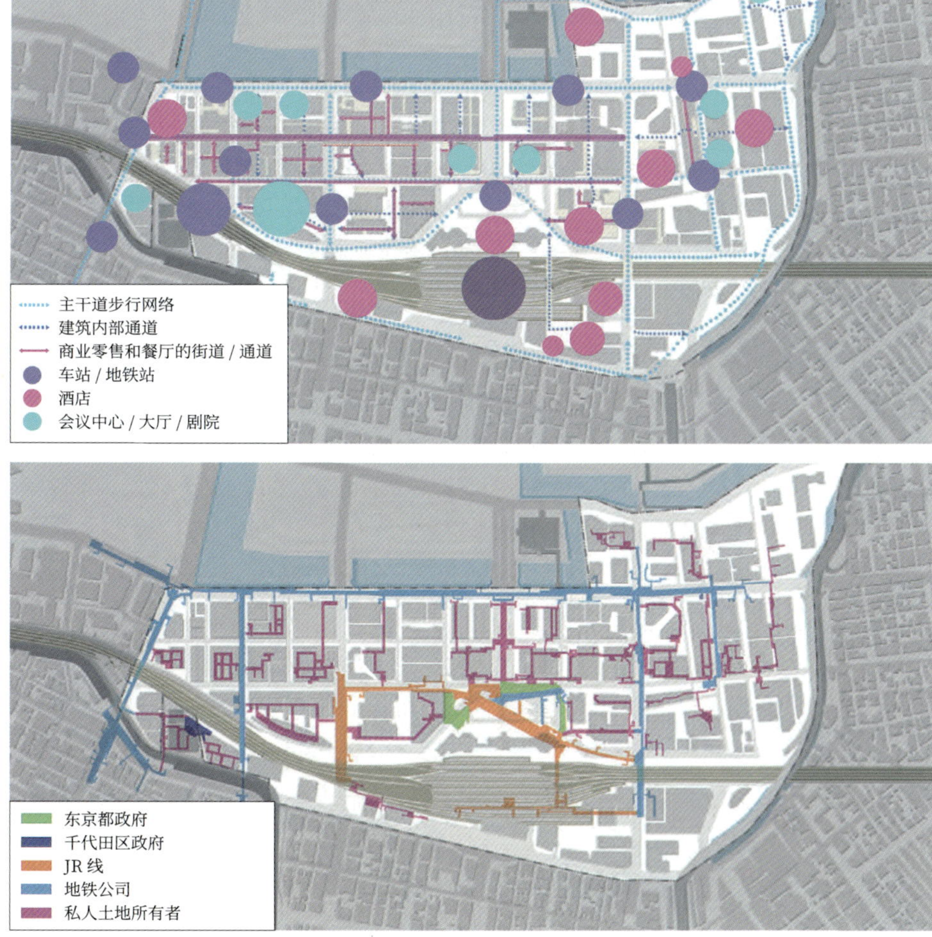

2. 环境营造

公共空间

以地下公共广场为中心，步行网络为纽带，将城市广场、交通核心，以及各地下商业有机地结合在一起，组成多元化的公共空间。人们在这里聚会、互动和休憩，积极开展信息传播和交流，激发餐饮及购物等城市活动，交通与商业相互促进，形成良性循环。

步行网络

注重空间尺度、视觉高度等精细化设计要素，以人为本，营造舒适、明快的氛围；注重步行系统与相邻设施之间的衔接，设置挑空直通地上层，引入自然采光的下沉广场等，并定期举办公共活动，提升地下公共步行通道的活力和吸引力。

3.8 涩谷站地区地下空间

3.8.1 规划布局

1. 项目概况

涩谷站是通过 8 条线路（JR 山手线、埼京线、东急东横线、田园都市线、京王井之头线、东京地铁银座线、半藏门线、副都心线）、设有 6 个站点的大型轨道枢纽站，规模可谓东京都内最大。由于交通便利，涩谷站周边形成了以商业、办公为中心的街区。特别是近年来，吸引了音乐、时尚、影像业等创造性产业进驻，形成了特有的文化及产业特征，在亚洲乃至世界范围内受到关注，吸引了众多观光客。

涩谷站周边大规模开发示意图

2. 项目特点

- 通过强化交通节点功能，促进舒适宜人、简单易懂的步行者网络形成。

涩谷站有位于多个层面的站台与换乘大厅等空间，存在换乘动线复杂、无法完全实现无障碍化、站前广场步行者滞留空间不足、步行者安全性无法得到确保等问题。

涩谷站在规划基础上的周边开发中，将轨道改良事业、土地区划调整事业综合起来，对周边的城区进行了再编建设。再编规划包括建设以消解地形高差、街区分断等为目的的立体步行者网络、停车场网络及建设城市规划规定的停车场等，以缓解车站周边的交通拥挤，创造一个步行者安心且安全的空间，同时也强化车站作为大规模枢纽站所具备的交通节点功能。旨在提高地区整体的洄游性，在原本被分断的区域内导入新的人流，促进整个区域的活性化与高人气的持续性。同时，这样的策略是在开发商及新设施跨越的干线道路管理者（东京都、东京国道事务所、涩谷区）的协作下得以实现的。这种综合的城市基础设施建设中，值得关注的还有克服山谷地形，形成从车站出发延展到城区的立体步行者网络。

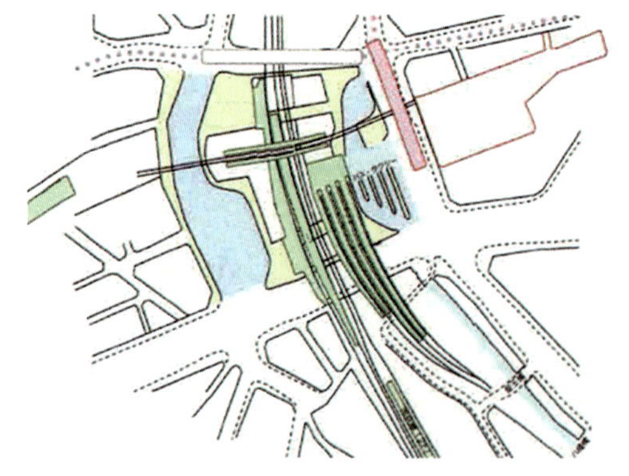

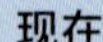
现在

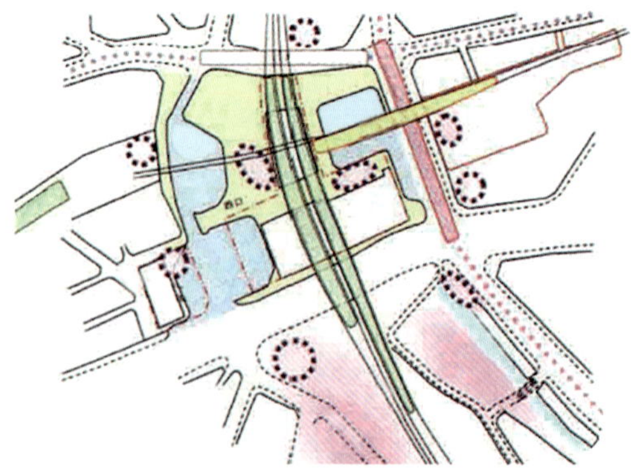

未来

作为“都市再生特别地区”，与涩谷 Hikarie 一样，建设了跨地面、天桥、地下多层的城市核，以确保车站到周边城区的顺畅接续。另外在集约换乘空间的同时，确保换乘无障碍化的实施，以求来访者感受到便利与舒适。还有为确保涩谷站街区内东、西站前广场的连续性和一体性，形成了车站到周边街区的步行者网络，使得街区整体可游性增强。

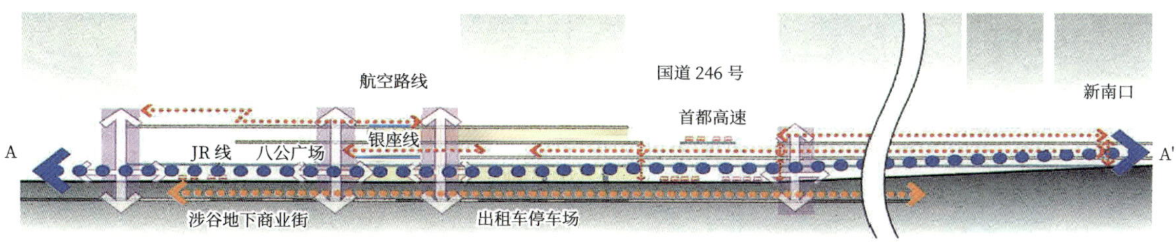

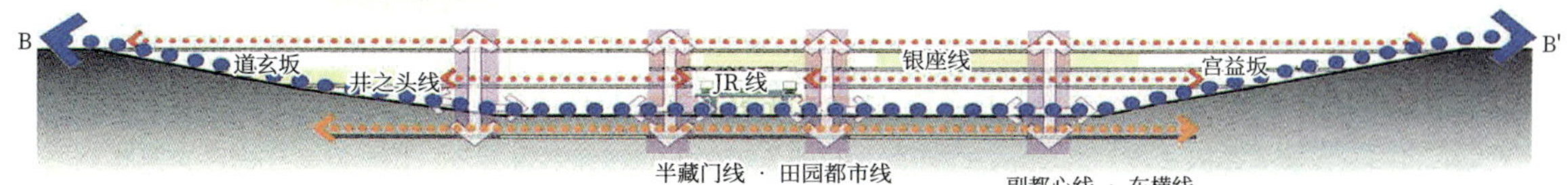

- 强化防灾机能，改善环境。

涩谷站的周边开发通过各项目开发主体的联合，在软件和硬件上都采取了一体化推进的方式，旨在营造出防灾应对力强、环境负荷低的高度防灾城市。不仅通过提供临时收容远距离通勤人员场所提高区域整体的防灾能力，还设计了灾害时及时发布消息和防灾演练支援等的运营体制。另外设置“涩谷区防灾中心”，联合政府和地区的防灾组织，促进地区防灾机能的强化。

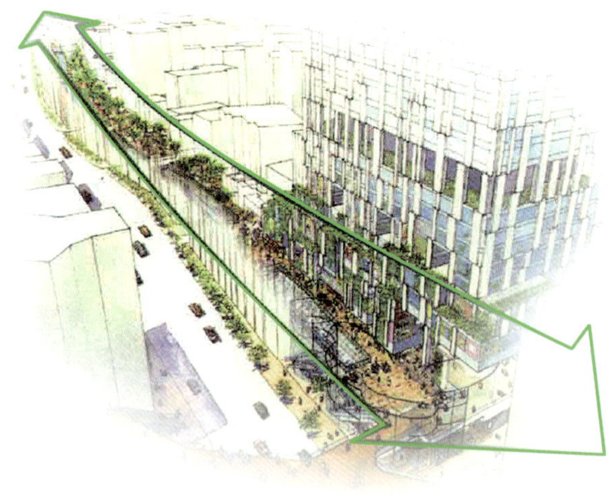

- 一体化可持续发展。

涩谷站周边地区，在 2012 年 4 月涩谷 Hikarie 开业后，还将经历涩谷站街区、道玄坂街区、涩谷站南街区、涩谷站樱丘口地区 (项目讨论中) 等长达 15 年的建设。这些规划建设无论在规划上还是在空间上都有很强的关联性，在项目推进期间各开发主体的联动、街区建设、维持和管理等，都需要考虑采用一体化且长久的方式。如此具有活力和创造力的涩谷，今后值得继续密切关注。

3.8.2 工程建造技术及特点

1. 建设概况

在日本地铁 13 号线中，涉谷站规模最大，宽度 36m，结构高度达到 21m，为地下四层五跨箱形结构，通过逐步拓建，最终涉谷站与上盖开发结构空间形成一体化联结。

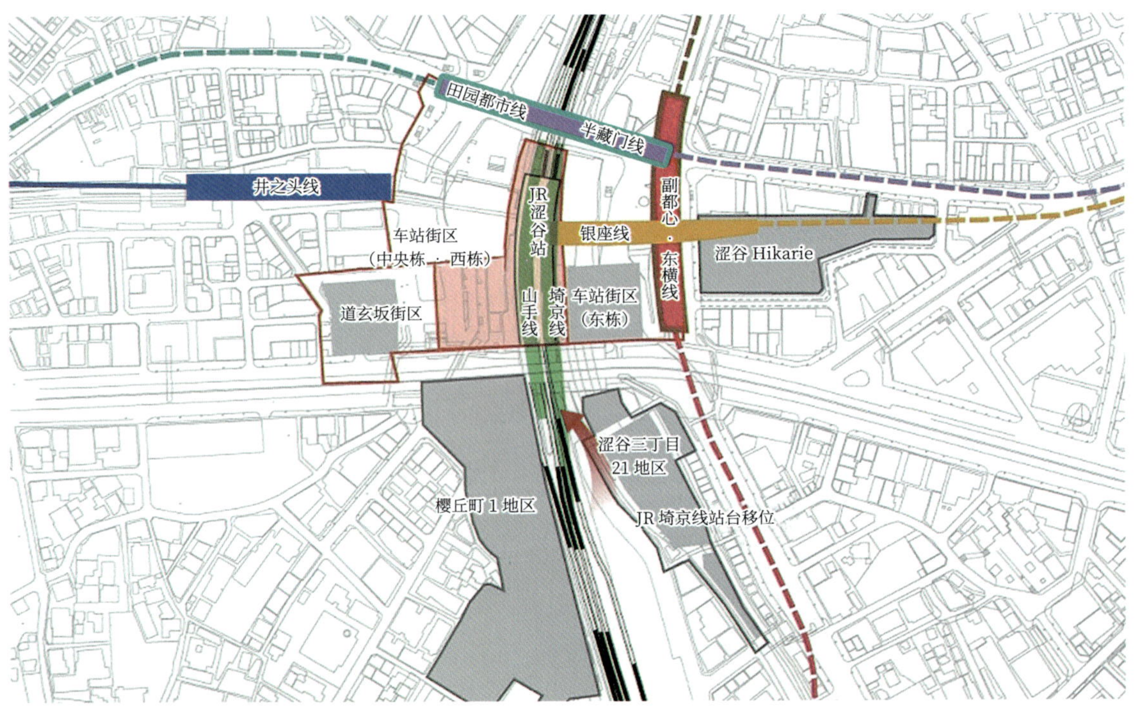

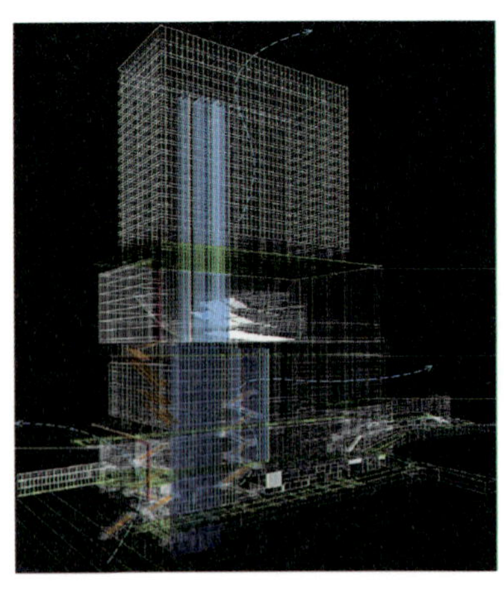

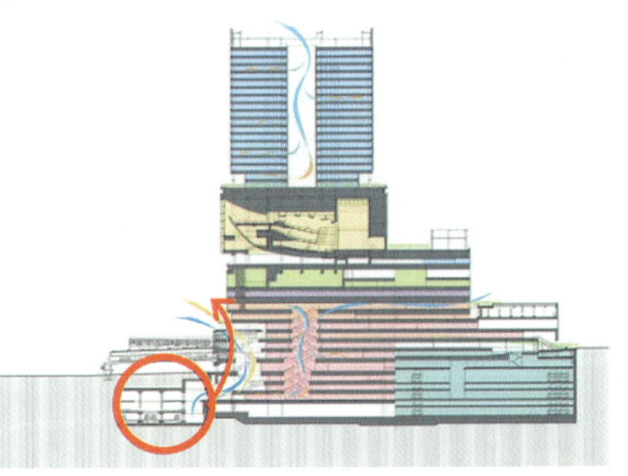

2. 车站工法

本站位于繁华的商业街区下，采用盖挖法施工。

围护结构采用柱列式水泥土搅拌桩（SMW 桩），形成地下连续墙，基坑施工先开挖 1m 后把钢梁安放在地下连续墙顶部，然后在钢梁上放置预制的路面板。开挖、钢梁、盖板在夜间施工，不影响道路交通。

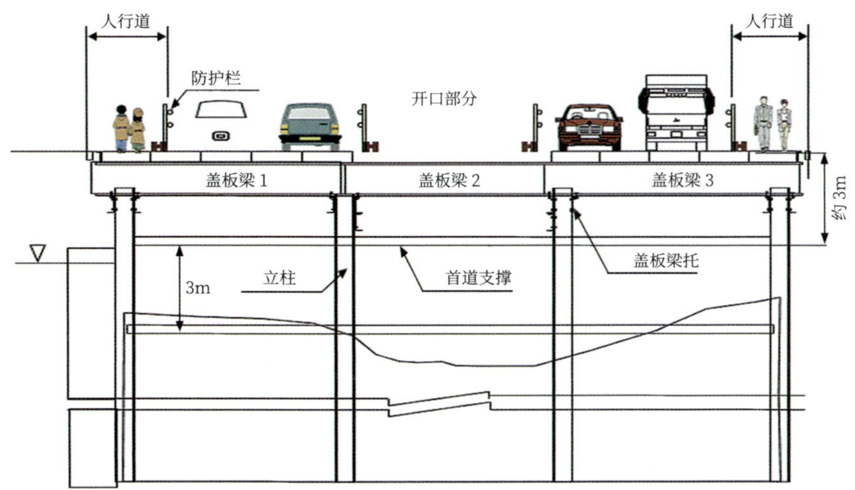

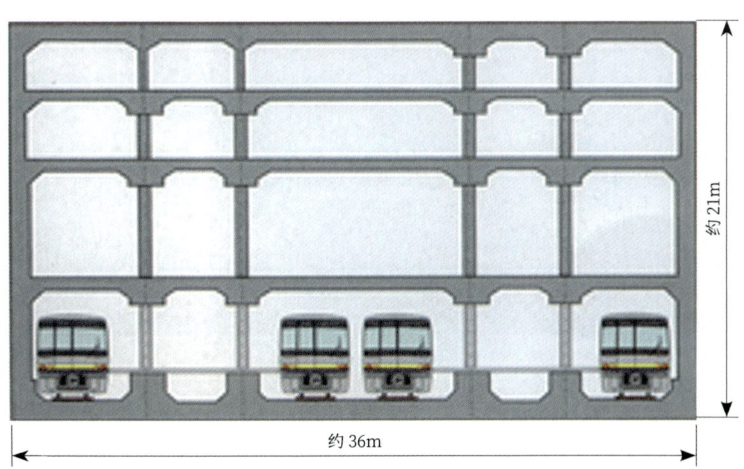

ECW
MARUTOKU
キムラヤ

LAFORET

3.8.3 更新拓建与未来发展

1. 更新过程

东京涩谷站地区作为都市再生特别地区之一，正面临着一次较大的转型，不仅车站设施需要进行更新和功能重组，车站与周边城市区域的发展也需要进一步的协调和融合。如何在保留和传承涩谷站地区自身特色的同时，促进区域再生和可持续发展，成为涩谷地区城市更新的主要挑战。根据涩谷站地区都市更新规划，通过扩建连接车站东西两侧广场的步行通道，进一步加强车站化交通枢纽功能；与此同时，为提高行人通行的便利性，车站区域建造了立体的空间步行系统，通过连续的城市公共空间将不同竖向层次各类设施连在一起，并在不同竖向空间之间构建立体城市核（由电梯和自动扶梯组成的开放式垂直交通空间），将车站与周边城市区域连接为一个整体。

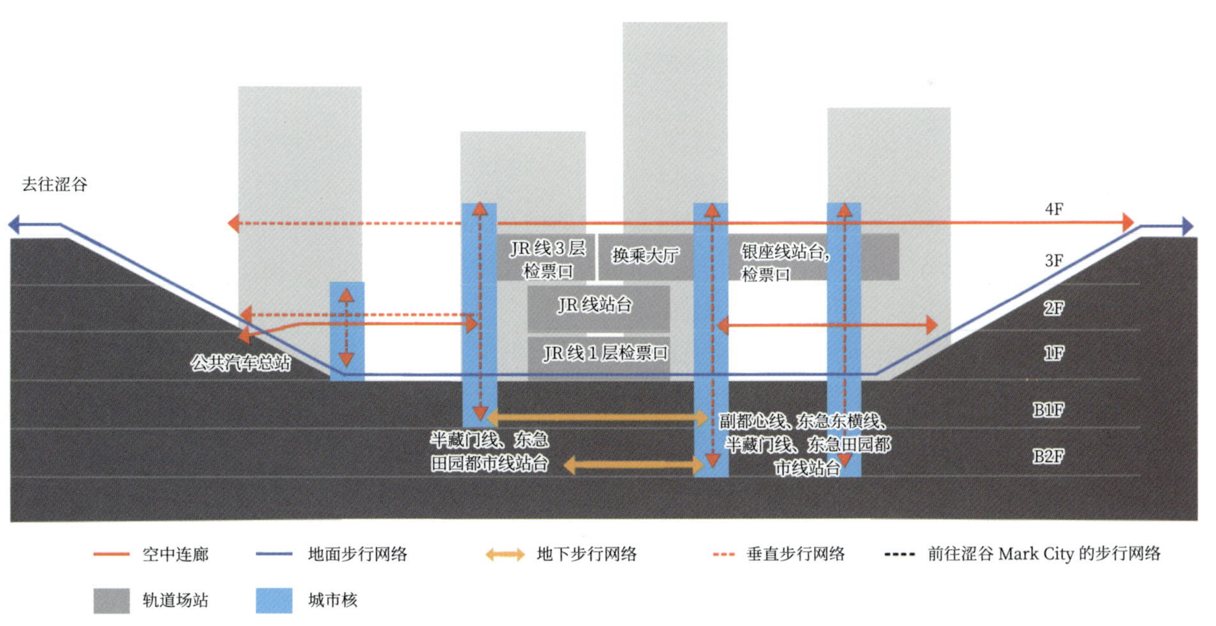

为提高车站地区的防灾韧性，规划在不同竖向层设置了临时避难空间和生活配套设施，并与周边开发地块预留连通接口，为灾害时大规模人流的有效疏散提供支持。通过强化交通节点功能、提高行人通行的便利性、增强防灾功能，涩谷地区按照都市再生特别地区的相关规定也得到了一些容积率奖励，如未来之光项目容积率由过去的 8.1 提升到 13.7。

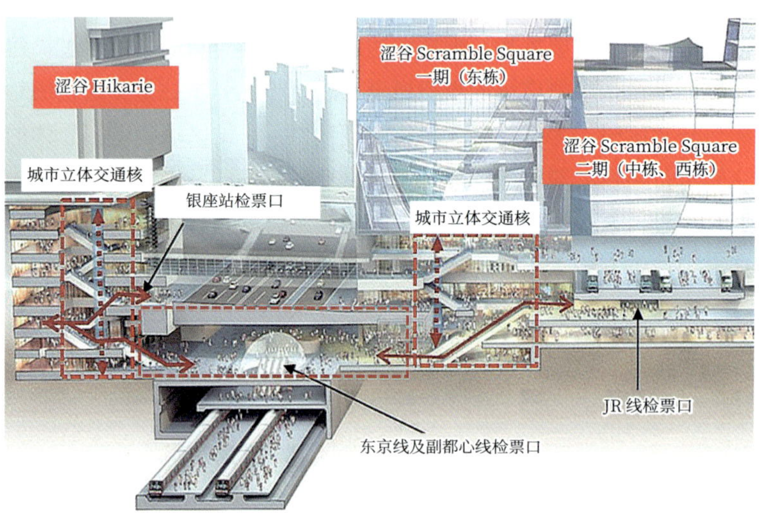

涩谷的城市开发以东急东横线和东京地铁副都心线的相互直通为起点，以东急东横线站厅及线路旧址的开发、站前广场、JR 线及东京地铁银座线的铁道改良一体化整备为中心推进。

与东急东横线和东京地铁副都心线的相互直通相结合，旧东急文化会馆的用地改建成涩谷未来之光 (Hikarie)。其后拆除地上的旧东急东横站厅和东急百货店东横店东馆。目前正在进行的是涩谷站大厦 (涩谷 Scramble Square) 东馆新建工程和东口站前广场的整备。

涩谷站街区涩谷站大厦东馆的新建工程完成后，预计开始对西侧现存设施进行更新，一个时跨 20 年之久的涩谷全部街区滚动式开发计划正在进行。另外，车站中心地区以及周边不断涌现的城市更新，构筑了今后 50 年，甚至 100 年的涩谷街区长远的发展计划。

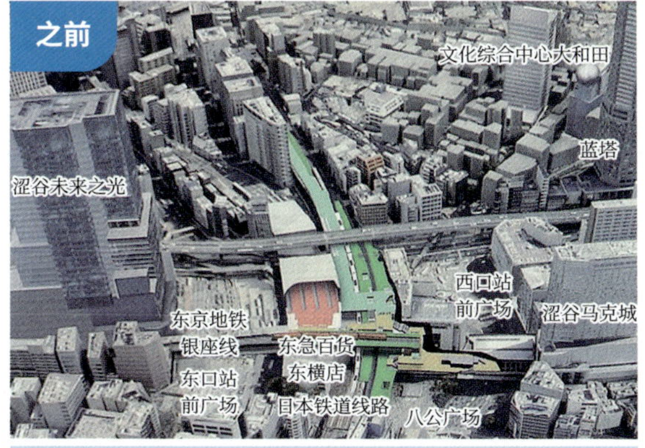

2012 年（涩谷未来之光竣工后）的基础设施状况

2027 年前后（涩谷站大厦中央·西馆竣工时）的基础设施状况

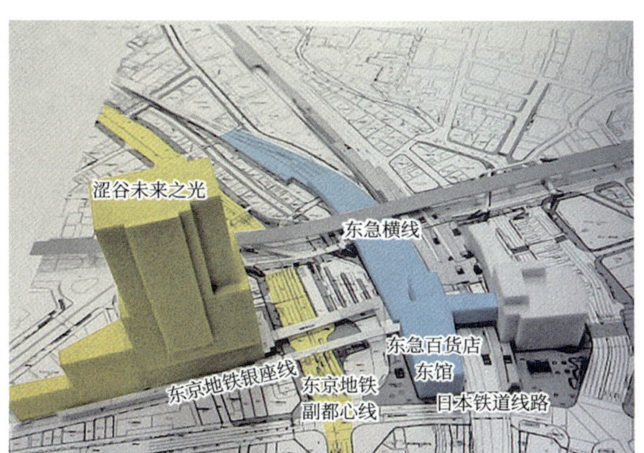

阶段 1（—2012 年）

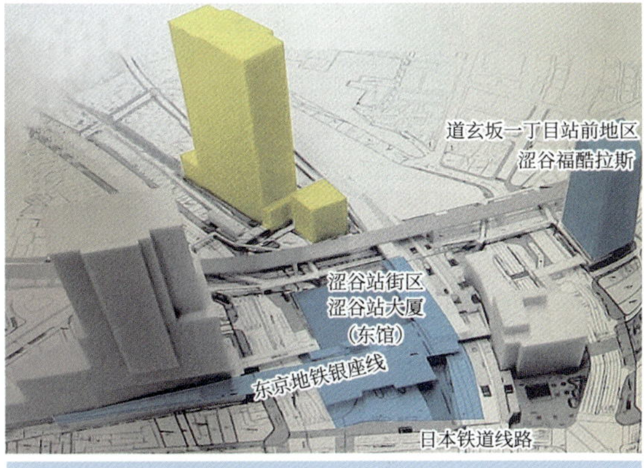

阶段 2（2012—2019 年）

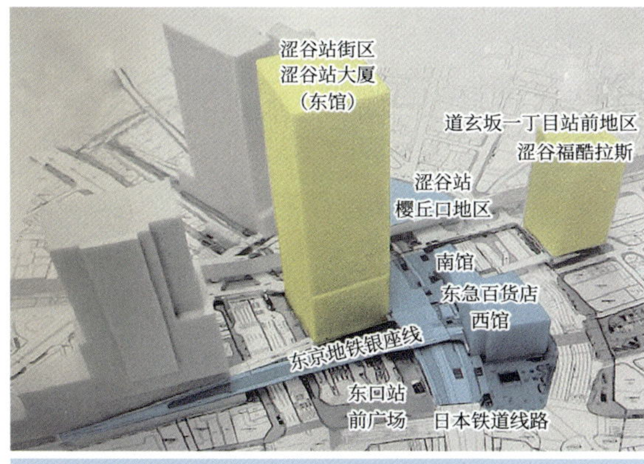

阶段 3（2019—2023 年）

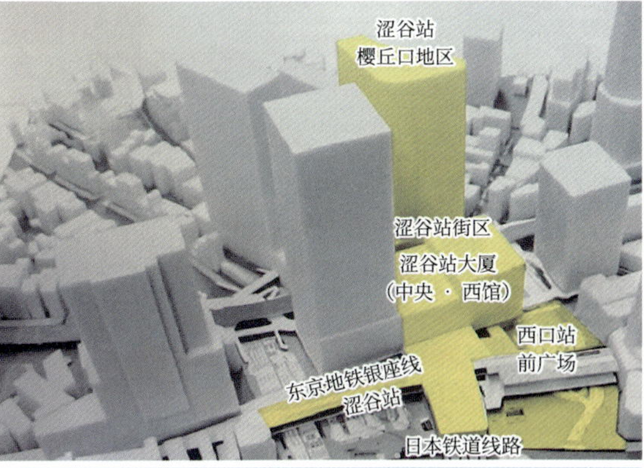

阶段 4（2023—2027 年）

在涩谷站周边地区的开发案例中，有许多利用“城市再生特别地区”制度，成功激发民间开发活力的城市开发案例。

在城市再生特别地区中，除了通常城市设计中采用的“确保公共开放空间”的做法之外，“强化地区的薄弱功能”也可以作为“城市贡献”的评价对象。涩谷站街区以“交通枢纽功能的强化”“引入提高国际竞争力的城市功能”和“防灾与环保”为贡献项目，争取到了“增加容积率”的奖励。

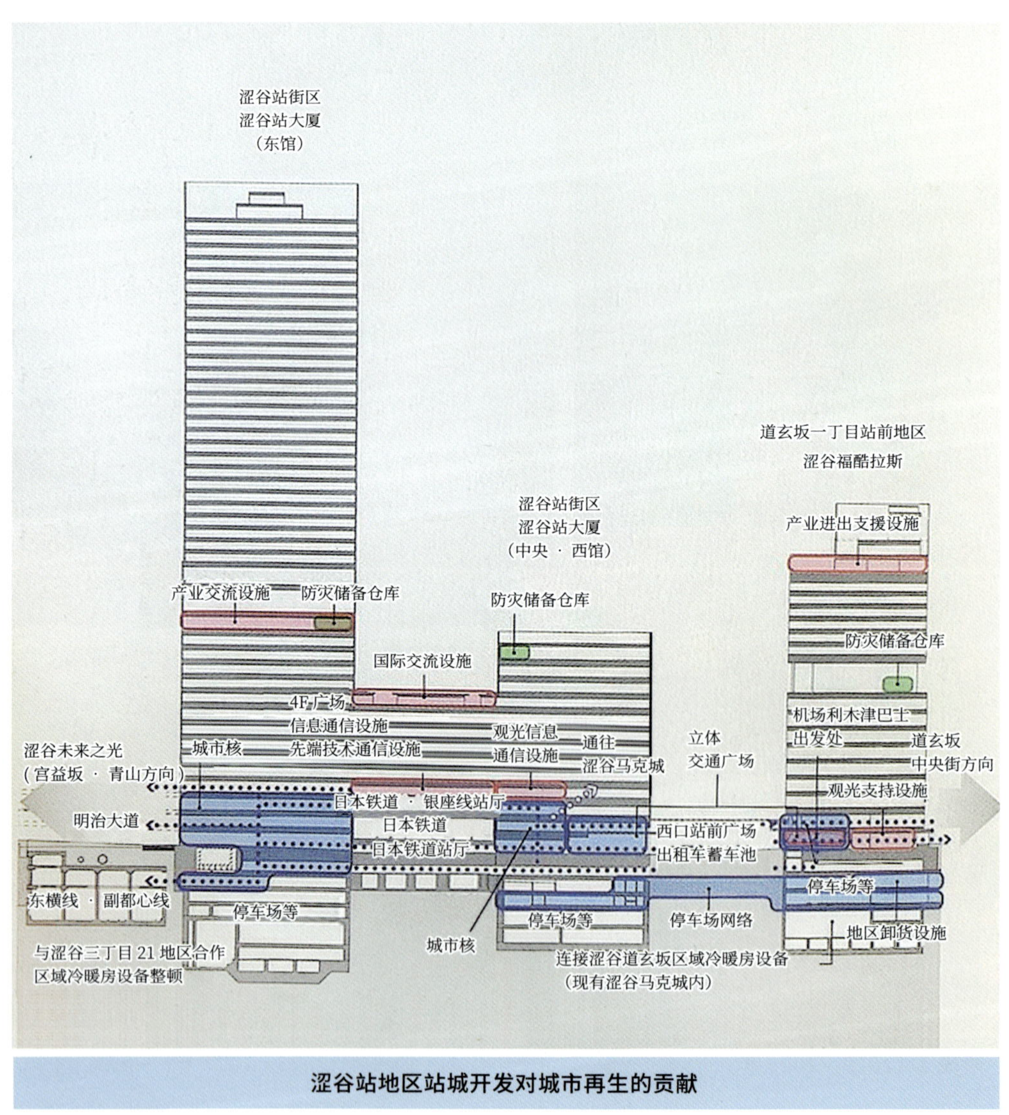

涩谷站地区站城开发对城市再生的贡献

2. 总结

在包含涩谷车站在内的“涩谷站地区站城开发”涩谷站大厦中，为了更新已呈立体化的车站和站前广场等城市基础设施，铁道改善工程与土地区划整理工程也在同步进行。首先，土地区划整理工程推进了站前广场及河川等城市基础工程的规划、建筑基地的规整及集约化，并确保了铁道扩展开发用地。其次，在开发工程与铁道改善工程中，在建设铁道上空的上盖建筑的同时，也对立体交通广场及城市核系统（流线空间）进行了规划。

通过以上说明可以了解，涩谷站周边地区开发不单是一个民间开发工程，而是与铁道改善工程及土地区划整备工程一起，“三位一体”推进的站城更新。同时通过以车站为中心的站城功能更新，进一步带动了周边的城市连锁开发。

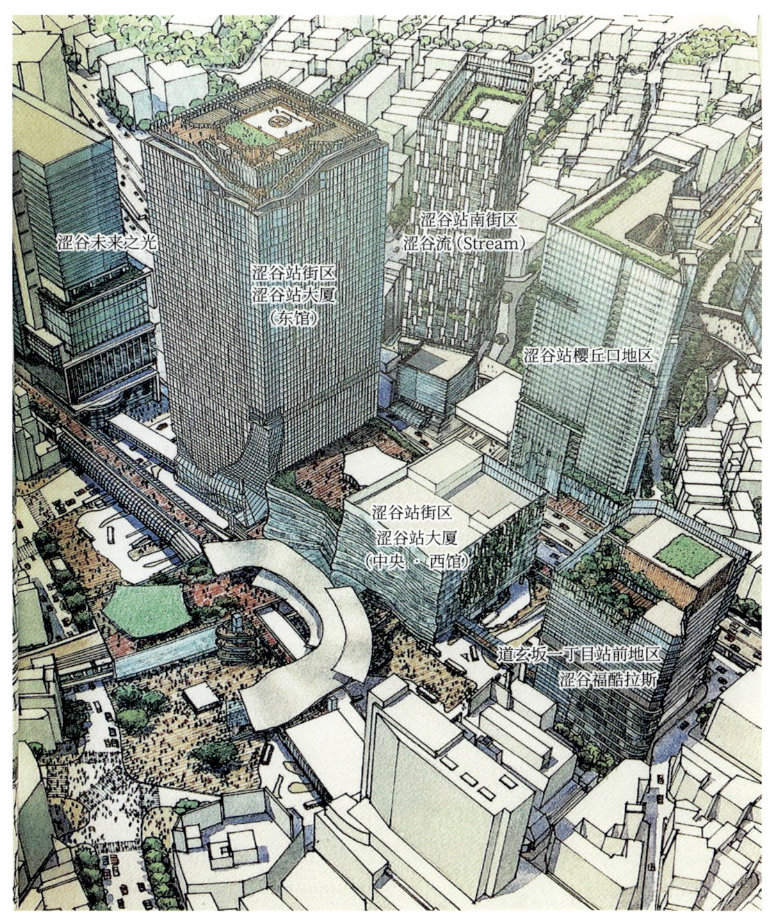

3.8.4 地下空间环境营造

1. 开发理念

- 制定该区域的规划导则，通过民营企业的私人资本进行成功的TOD开发，使收益能很好地返回到车站的整体建设里，创造了一个良性的、可持续的开发模式。
- 导入高端功能业态，提高作为生活文化发源地涩谷的活力，构建集商业，办公、交通、文化、娱乐为一体的综合枢纽。
- 因地制宜建立多层立体步行网络，并建立轨道交通与周边城市区域的步行网络，加强轨道交通与更大范围城市空间的连接与融合。

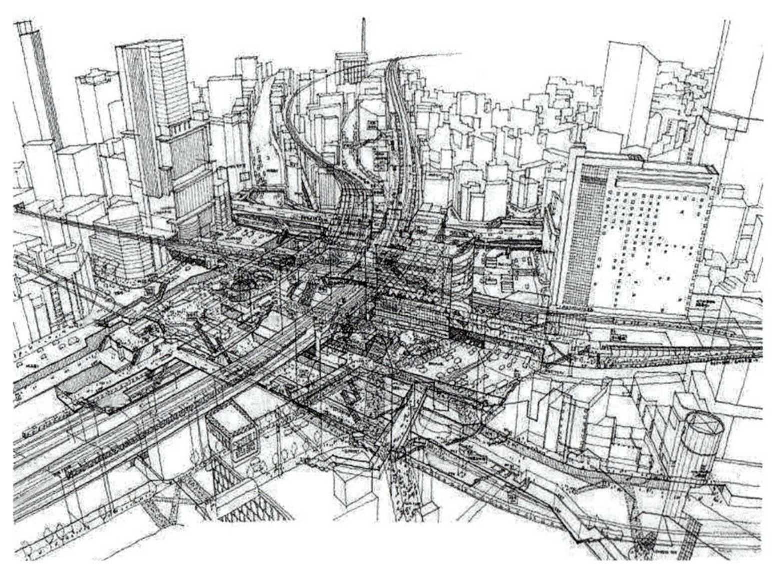

2. 环境营造

❖ 城市核

纵向设置了“城市核”的节点空间，通过自动扶梯、直梯和人行步道组成的系统，连接轨道交通换乘平台、商业综合体设施、广场等位于不同标高的空间，形成多层次的立体步行网络。

◆ 步行网络

强化与周边道路的连续性和可通过性，完善水平向的步行网络，通过促进广场、斜坡路和沿街商业的“活化”，建设具有步行环线、与环境共生的街区，打造面向世界的信息传播枢纽。

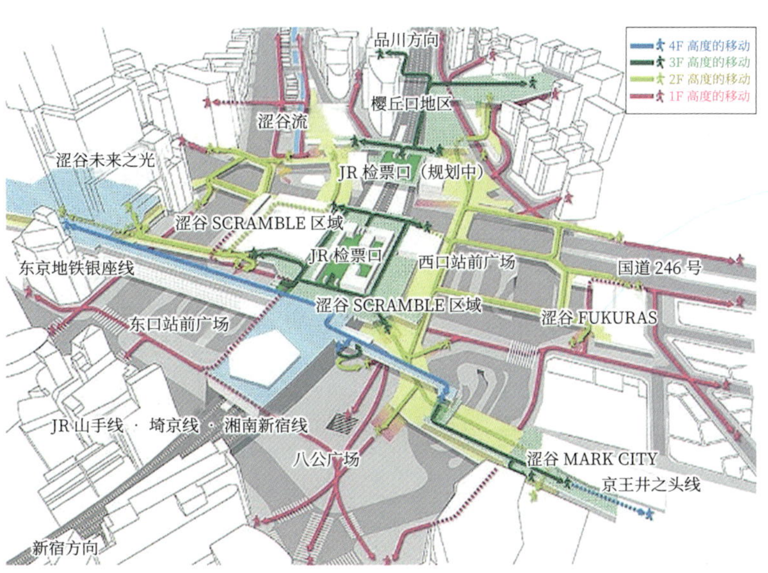

3.9 大阪长堀地下空间

3.9.1 规划布局

1. 项目概况

日本长堀地下街位于日本大阪市中心，全长 860m，其中地下商业部分全长 730m，是日本著名的地下商业街之一。它于 1997 年开始运营，面积约 8 万㎡。地下共四层，其中地下一层为商业街，其余三层为停车场。地下街有 4 条地铁线穿过，与 3 个车站便捷相连，交通十分便利。其大量的公共空间与广场为人们提供了多样、便利、美观的地下空间环境，天窗采光的设计也使地下空间更为明亮舒适。

长堀地区是大阪中心城区最为繁华的地区之一。长堀街在历史上曾是一条流淌不息的河流，3 条地铁线横穿街道，但车站间却不能互连互通。人乘地铁至此，便升至地面，造成这一地区人车混杂、分外拥堵繁忙。大阪市政府 20 世纪末开始筹划建设一条地铁新线——长堀鹤见绿地线，来连通原有的 3 条地铁线，构成新的地铁换乘系统。

一条连接 4 条地铁线路车站，并将商业、停车、人行过街等设施整合为一体，成功实现地区性人车立体分流的大型地下综合体。其地下分为四层：一层是集商业、饮食和人行公共步道为一体的地下步行商店街，二三层为地下车库，四层为换乘系统，最深处达 50m。

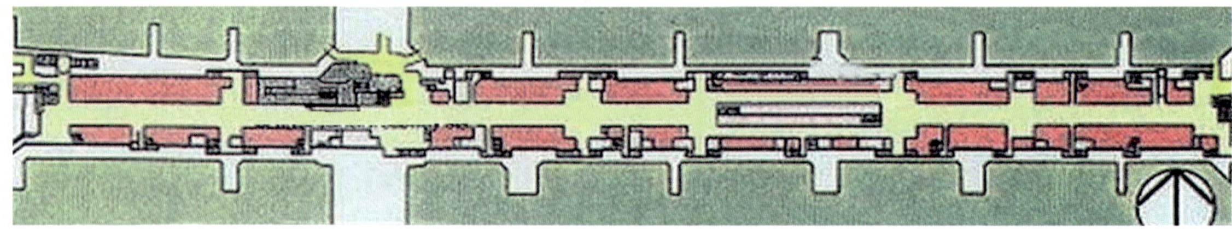

2. 项目特色

在狭小地下为人们营造了一个富有张力的环境。这条长达 2000m 的地下街建了 8 个大大小小主题不同的广场，瀑布广场、月亮广场等就是其中的代表，加上玻璃顶上流淌不息的“河水”，力求为人们提供一个富有张力的地下空间。结合广场上的玻璃顶，将自然景观引入到地下，不仅为顾客提供了多处休憩、观赏空间，还能使人们在地下可以看到不同的外界景观，避免产生视觉疲劳和迷失方向。

长堀地下街给人印象较深的就是水的艺术化造景，顶上再现该地区历史的“河流”，地下不时看到水的各种形态，设计者通过高超的手段告诉人们这里的历史：历史上的长堀河虽然没有了，但记忆却是真实而新鲜的。

3.9.2 更新拓建与未来发展

1. 更新过程

多年来大阪一直沿南北轴发展(著名的难波与梅田地下街即位于南北轴的两个重要节点),为了满足1990年世界园艺博览会的交通需求,大阪修建了地铁7号线(鹤见绿地线)一期工程。近年来城市沿东西轴的发展规模逐步扩大,为适应这种发展的要求,大阪市政府决定将地铁7号线向西延伸,以形成城市的东西向发展轴,而规划中的地铁7号线的隧道将直接穿越长堀地下车库,为与其他地铁线路便捷地换乘,必须在这一区域设站;另一方面,20世纪60年代修建的长堀地下车库由于规模已不能适应这一区域的停车需求,同时车库进出车辆等候排队经常引起交通阻塞,加重了城市中心区的交通压力,为此长堀地下车库的整顿与配备变得十分突出和迫切。

在这样的背景下,经过认真的分析研究和方案比选,最终制定了建设地下四层集地铁隧道与车站、地下车库、地下道、地下商业为一体的地下空间开发利用的系统方案。该方案连接了周边4条地铁线路的5个车站,并且解决了地铁7号线在周边无法设出入口的矛盾,同时使地下车库的容量增至1030个,为城市中心区提供了足够的停车空间。经过对地下空间的综合开发利用,“活化”了沿街街区,使长堀地下街成为大阪的又一条标志性街道。

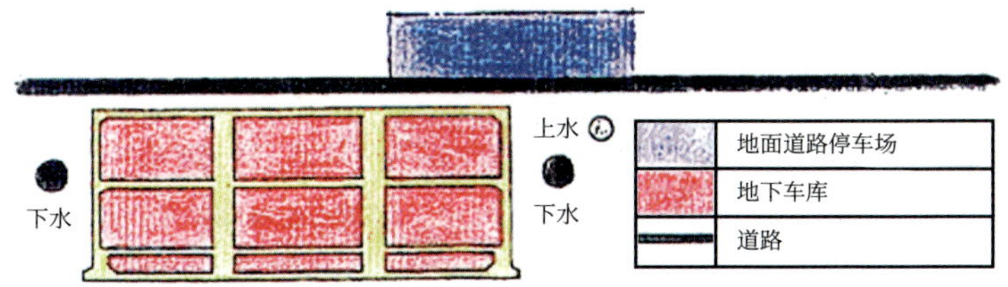

原有的地下车库

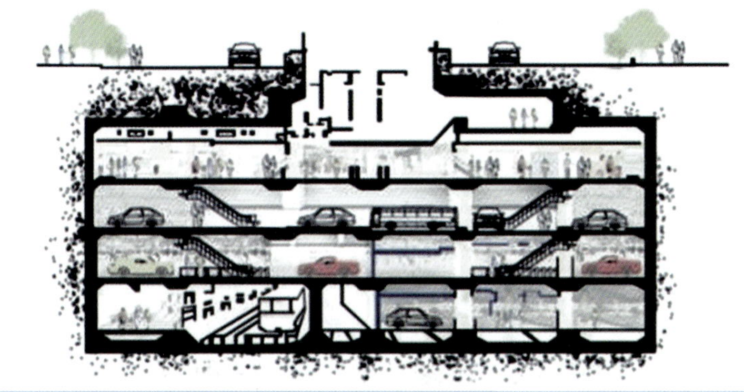

地下街系统开发方案

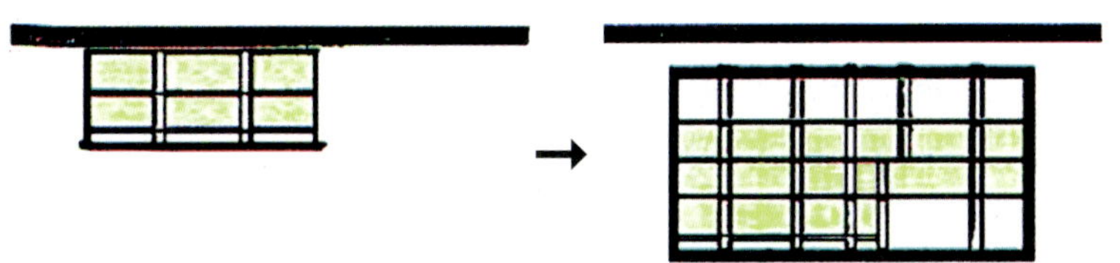

地下空间系统改造方案

值得注意的是长堀地下街规划方案的实施必须将原有的长堀地下车库拆掉，以提供方案实施所需的地下空间资源，地下工程的建设具有不可逆转性，即建成后很难改变或拆除。所以在方案实施过程中将原有的地下车库拆除本身就是一件耗资巨大、技术难度高的工程，许多连接部位必须利用钻石钻来拆除；在总投资 827 亿日元中，仅此一项的费用所占比例就不低，在人类开发利用地下空间的历史中也极为罕见。

2. 总结

长堀地下街是大阪最新建成的一条规模较大的地下街，在一定程度上代表了日本地下街规划设计、防灾以及管理等方面的最新进展。通过对长堀地下街建设历史的研究与考察，可以发现其对地下空间资源的开发与利用有成功也有不足，对我国的地下空间开发与利用事业有重要的启示，同时也使我们认识到制定地下空间规划的必要性。

地下空间的开发与利用是城市可持续发展的重要领域，但地下空间的开发与利用必须有完整的系统规划，如长堀地下街有根据城市的发展建于1963年的地下车库，但由于缺乏长期的系统规划，致使当城市沿东西轴的发展改变了城市形态后，这一地区的地下空间开发与利用成为一种必然的趋势时，原有的地下车库就成为了城市建设和城市发展过程中的一种阻碍，不得不投入巨资将其拆除。

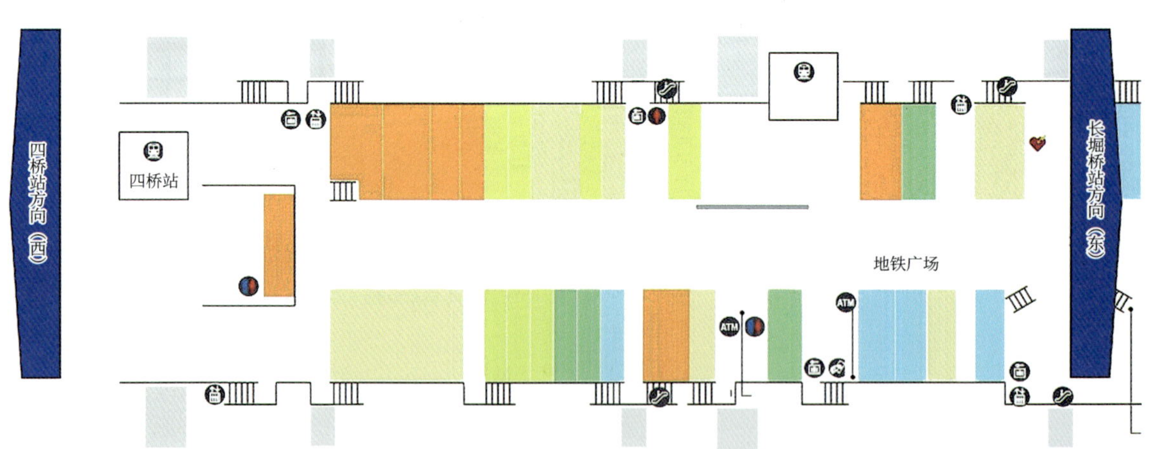

3.10 横滨线横滨站地下空间

3.10.1 规划布局

1. 项目概况

横滨站是横滨市的中心车站，是一座囊括了 JR 铁路线、私铁和地下铁等各种交通站点为一体的枢纽站。横滨站共计有 6 家公司的线路接入，是日本同时入驻公司最多的单一车站。

同时，横滨站每日使用人次约为 226 万（2015 年统计），年使用达 8.17 亿人次。如今的横滨站是第三代建设的车站，横滨站本身由南北向的高架站房和地面设施组成，两侧通过 3 条地下通道连接，然而从 1915 年至今，车站经历了多次改造，过去的东急 JR 线从地上二层迁入如今的地下五层，车站及周边的建设还未完全结束。

2. 横滨站地下商业空间的形态、位置特征

横滨站地下空间主要分为东西两侧的地下空间和站房本身下方的 3 个自由人行通道构成。西口的地下街是由原有钻石地下街与车站旁的高岛屋大楼周边的地下空间结合而成，钻石地下街主要分布于横滨站西口广场下方，并沿着主干道延伸，交通十分繁忙。同时由于建设时间较早，商业店铺布置还是呈沿人行通道两旁布置，并且店铺数量较多，几乎占用了除通道外所有空间，地下通道分支复杂。而东部的波塔地下街建设较为规范，有着日本新型地下街较为典型的特征，地下空间有着规整的划分和适当拓宽的道路和公共广场等设施，适当加深了地下空间层高进而加强了防灾措施，同时对于商业店铺的布置也更加规整，类似于地上的百货广场空间。

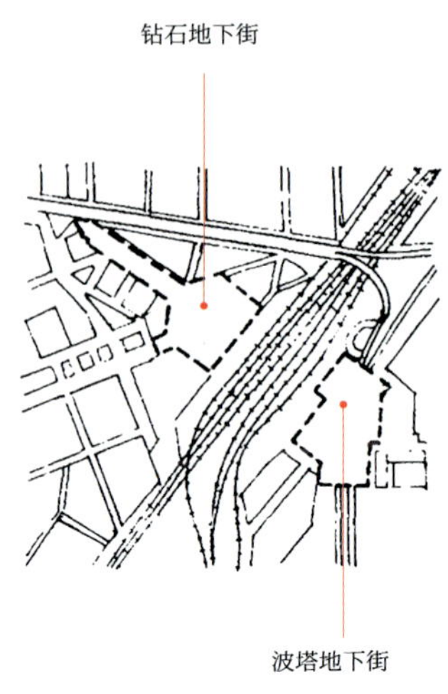

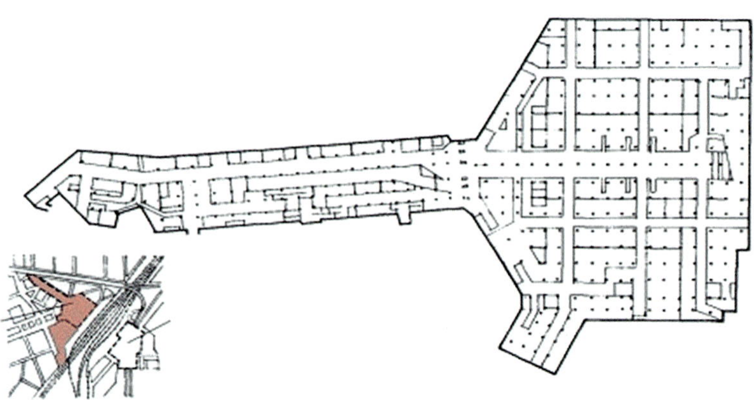

波塔地下街结构示意图

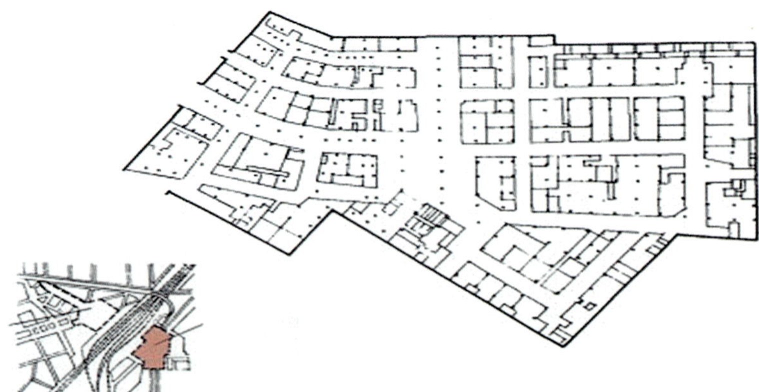

钻石地下街结构示意图

3.10.2 工程建造技术及特点

1. 从重建构想到形态保护、复原

横滨 Minato Mirai 地区是新都心，进行以车站和步行者为中心的地区开发。

皇后广场使得都市轴两方面连接达到以广域为中心的丰富体验。

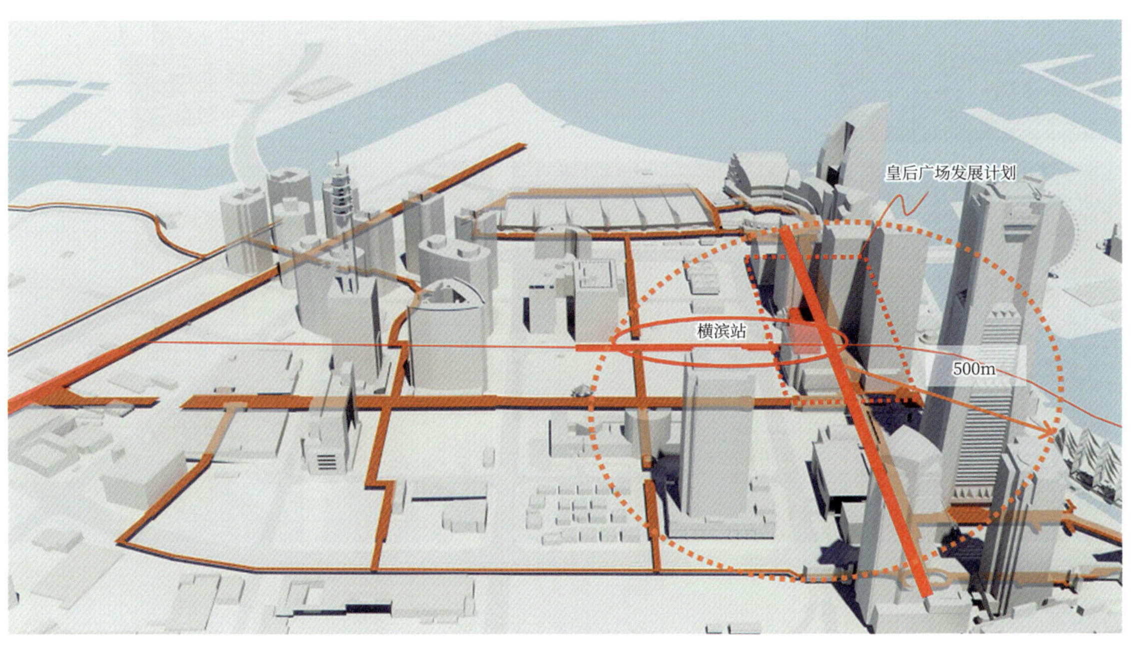

2. 以车站为中心的拓建

皇后大道是步行者的主要流线，采用有拱顶的商业街，从周边地区方便到场，充满繁华热闹气氛，形成高密度的都市街路。

铁路的巨大挑高空间，直接连接到商业空间。

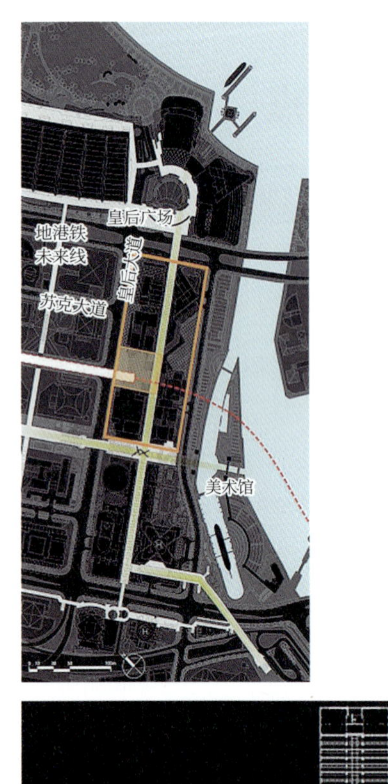

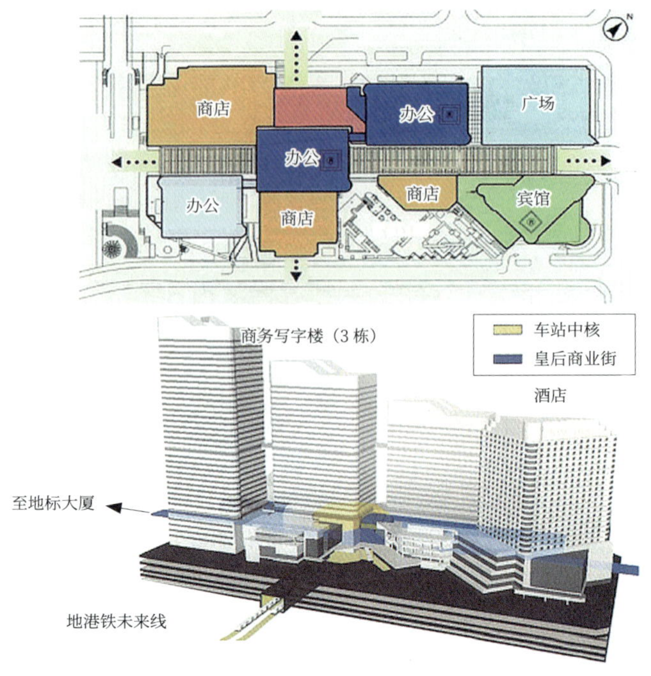

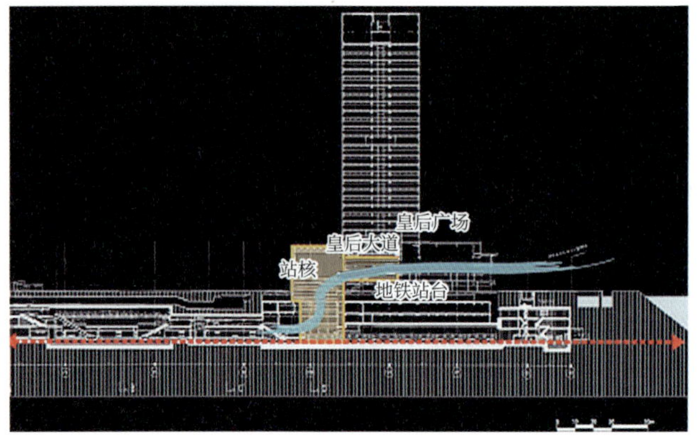

3.10.3 更新拓建与未来发展

综合了东海道新干线的新横滨站是与站前广场、宾馆、商店、饮食等一体化的复合型枢纽站设施，也是横滨市广域交通网络的枢纽中心。

该规划除为解决由新干线利用者的增加所带来的需求外，还吸引了重视广域交通便利性的外资企业及企业的进驻，并因此降低了人车混流程度。

更新拓建之前

更新拓建之后

随着新干线新横滨站的功能扩展建设，利用立体城市规划制度，通过在站前广场范围建设枢纽站大楼，以及在高架下设置服务旅客的设施等手法，将站前交通广场的功能集约调整到了1层和2层。不仅改良了车站大楼，还建设了将车站检票口与周边街区在同一层面上联系起来的步行者天桥、出租车停靠点和巴士乘降站等城市基础设施，通过公私一体化的开发建设方式，得以提高整体地区的洄游性及便利性，被称为该地的枢纽中心。

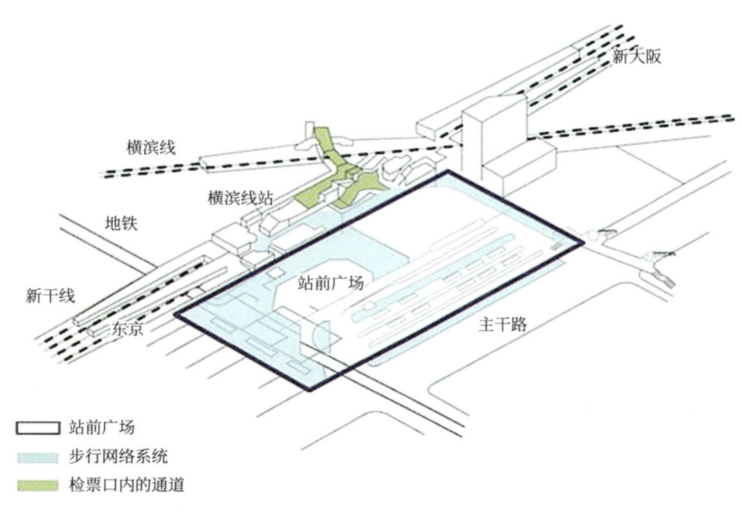

更新拓建之前 1F 规划

站前区域仅为交通集散广场，尚未进行垂直方向上的高强度开发与利用。

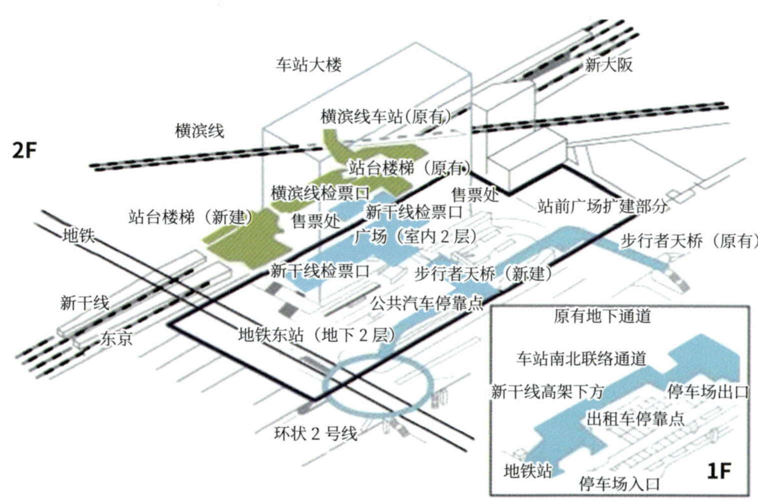

更新拓建之后 1F/2F 规划

随着站前广场的扩大，结合立体城市规划制度开始展开位于站前广场上方的综合枢纽站舍建设。

2000 年

2000 年

2000 年
EPSON
駅前留学
NOVA

2008 年

2008 年

2008 年

以 1964 年新干线开业为契机，新横滨城市中心开始并进行了一系列城市基础设施建设和功能的积累。

在城市基础设施建设方面，从 1964 年到 1980 年进行了约 80ha 的土地区划调整项目，如环状 2 号线、多功能防洪空地的建设。另外，在建设作为 2002 年世界杯决赛场地的日产体育场的同时，还建设和完善了横滨圆形竞技场、中心医院、福利设施等，成为能集聚日本各地来客的地区。现在，还吸引了对交通便利性较为重视的外资企业及半导体相关企业，或者是软件开发为主的 IT 企业入驻。

3.10.4 地下空间环境营造

1. 开发理念

- 将车站、站前广场和公交换乘站等设施上下组合，强化交通功能的连续性。
- 开放式广场两侧布置，交通广场建筑内部化，扩大人行网络，建设高效安全的步行系统。
- 在车站上部空间通过功能复合建设高附加价值的设施，恰当地整合城市商业商务设施，以提高城市活力，强化其城市核心空间作用。

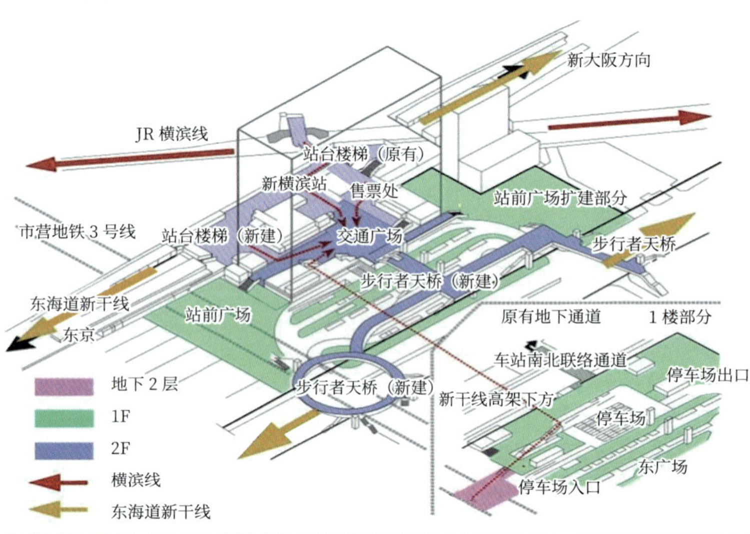

立体示意图

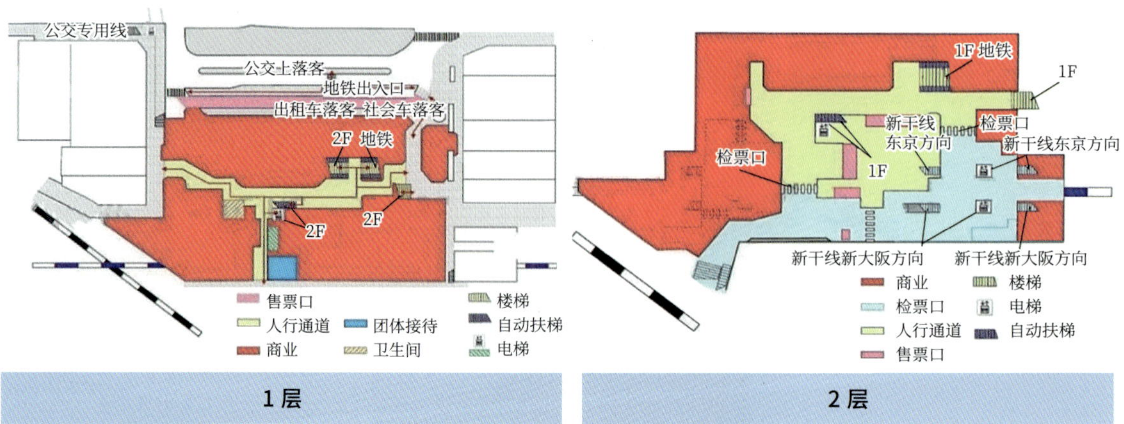

1 层

2 层

2. 环境营造

❖ 人行空间

将交通广场建筑内部化，客流在上盖建筑架空层内解决。重新布置多层次的站前广场，极大地增加人行空间，同时通过功能的复合和共享增加人流的洄游，可以快速疏散客流至周边地块。

❖ 商业通道

地下空间有着规整的划分、适当拓宽的道路以及公共广场等设施，适当加深了地下空间层高，进而加强了防灾措施，同时对于商业店铺的布置也更加规整。

04 主要体会

MAIN EXPERIENCE

通过对东京新宿地下空间、东京八重洲地下街、名古屋“荣”地下空间、京都站前地下空间、东京六本木地下空间、东京“首都圈外围排水道”、大阪钻石街地下空间、东京丸之内 CBD 地下空间、涉谷站地区地下空间、大阪长堀地下街、横滨线横滨站、横滨线马车道站、东京外环高速等典型地下空间工程考察，考察组体会颇多。

INVESTIGATION AND ANALYSIS OF UNDERGROUND SPACE IN JAPAN

04

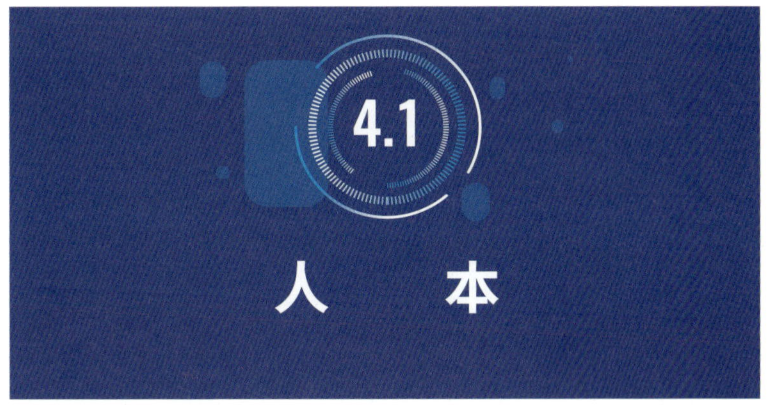

坚持以人为本，从根本上说就是要寻求人与自然、人与社会、人与人之间关系的总体和谐发展。地下空间规划在实现整个城市可持续性发展的基础之上，强调以人为本，将满足人的基本需求作为取舍规划方案的重要标尺。

日本的地下空间人本理念体现在诸多方面，比如消防疏散模式、地面附属（出入口、风亭）布置、采光通风模式、导向标识、除尘降噪、安全施工、文明施工、质量管控等诸多方面，考虑充分，精细化设计与管理，精益求精。

- 考虑不同方向视线，柱网设计多为圆柱结构。
- 空间网格化布局，整齐划一。
- 导向标识清晰，灯光色彩亮丽。
- 空气清新，环境舒适。

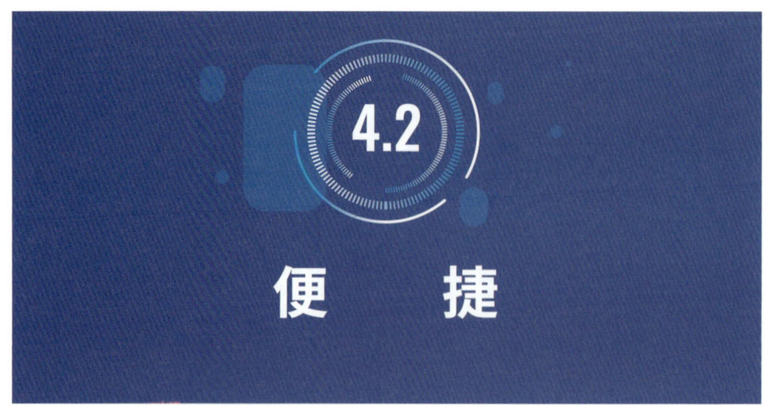

东京城区车站的相关附属设施不讲究“高大上”，而是注重“小而全”，注重细节。在满足人的各种使用需求的基础上，根据车站规模、节点的人流、周边环境情况来设计各类设施的规模与形式。

- 远城区的车站虽然小，但其周边均设置了出租车、公交、自行车、停车场等交通服务设施，麻雀虽小，一应俱全。实现一站式的配套服务，将车站打造成了一个小型的交通节点。

- 东京有很多规模较小的地下空间出入口，宽度在1～2m之间，有的结合下沉广场、建筑物设置，有的就在人行道或街角处，虽然不是那么“高大上”，但突出了便捷，方便人员进出地下空间。

每个车站出入口众多，动辄十几个以上，人流相对分散，每个出入口不需特别大的规模，且仅采用步行楼梯上下，见缝插针，容易布置，便于营造商业氛围，易于相关私营物业主接受，达到双赢的效果。虽然是小型出入口，效果处理上一点也不马虎，同样以艺术化、注重城市界面的原则进行设计。

- 车站里设置形式多样的便民服务设施，这类设施占地少，常设在不宜设置店铺、拐角等地方，最大程度上方便市民。

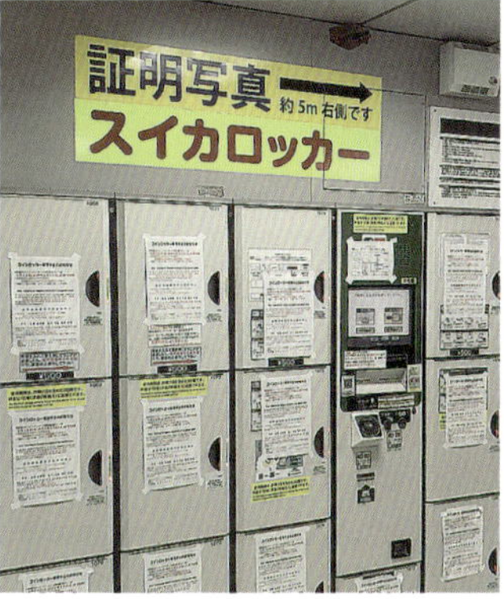

日本地下空间在存有安全隐患的地方均考虑到了安全提示和管控手段，保证人员在地下空间的安全有序。如地下车库停车区与走行区的安全分隔提示清晰；施工过程安全管控规范，安全事故少。

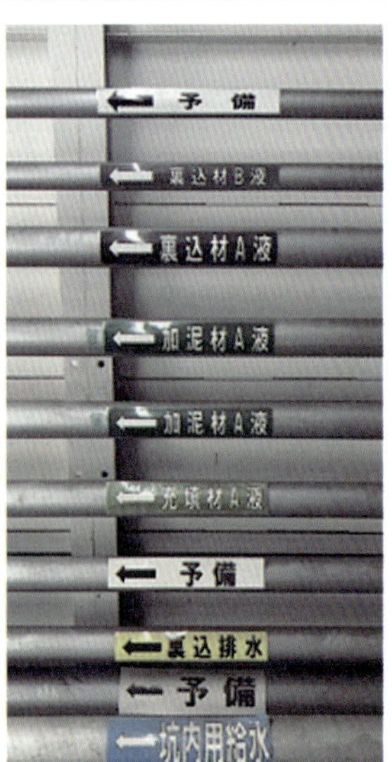

日本地下空间绿色环境营造效果好，设计自然采光、灯光、水系、绿植、文化艺术等，相得益彰，加之亮丽的色彩、清晰的标识，共同烘托良好的地下空间环境，给人舒适感。

- 地下空间开发以疏解地面交通为主要目的，同时兼顾市政、商业、娱乐、防灾等功能。
- 地下空间高度网络化，空间设计为步行的转换创造良好的基础，交通流线保证人行、车行明确有序。

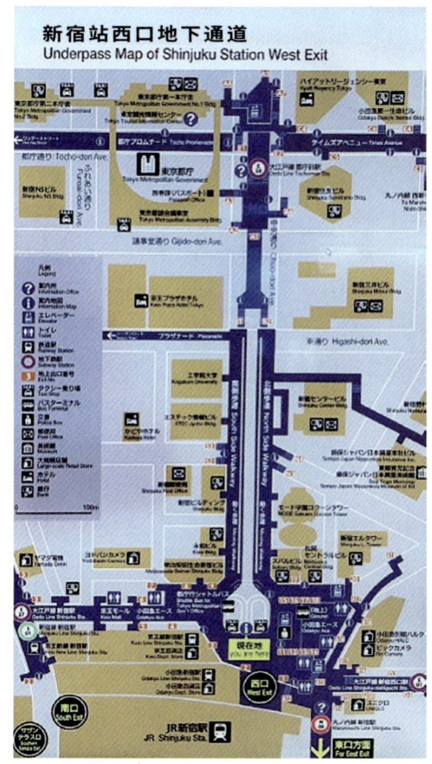

- 功能上交通空间与配套服务空间完全统一，融合共生。
- 考虑到人的行为习惯和生理需求，地下空间规划综合运用多种方法，通过灵活多样的连通形式，将处于不同层面、不同区域的功能空间进行有机的串联，合理组织城市地上、地下各层面交通流线。

如新宿站 B2 至 7F 在竖向上集合了停车场、地铁、城际铁路、商业、地下空间接驳、出租车、客车等多个系统，实现功能的高度一体化，实现人的一站式生活。

东京地下空间十分注重人文及场所的营造，采用墙面、地面、灯光等地下空间形式构建人文场所。运用环境心理学和相关美学标准对相对消极的地下空间进行改善设计，为使用者创造出能够陶冶情操、轻松愉悦的积极心理感受。

艺术化地下空间连通口

东京站

马车道站

东京站艺术展示

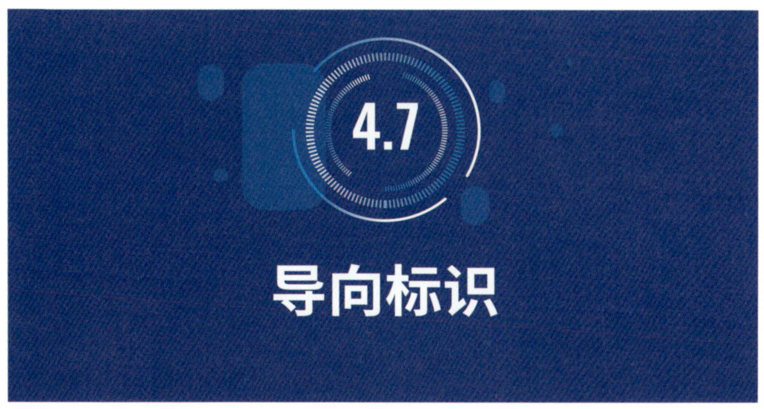

地下空间因为缺少自然阳光等地上生态元素，使用者难以体验到足够的自由度和亲切感。封闭和隔离的地下环境让人时常感觉到压抑和不安，产生逃离地下、回归地上的心理。同时，如果地下空间结构组织不好，会使人的方向感严重缺失。

东京在地下空间导向方面做到了人、空间、导向的高度协调统一，并以无处不在的导向标识引导人们在地下空间有序行进。

- 海量的信息导向。信息涵盖到站时间、到站站台、线路主要标志性站点（而非不熟悉的起终点）、突发情况等。

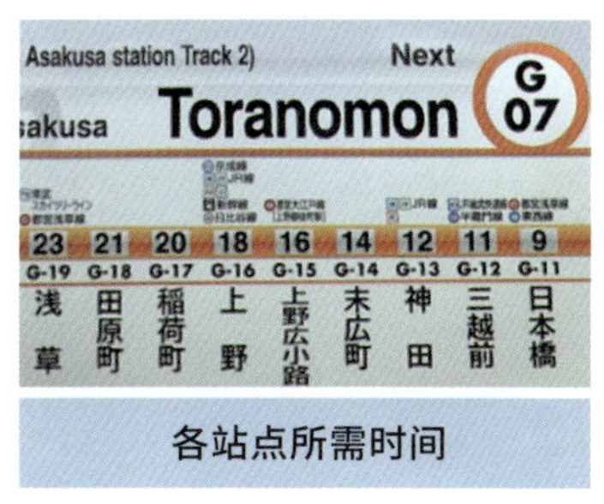

各站点所需时间

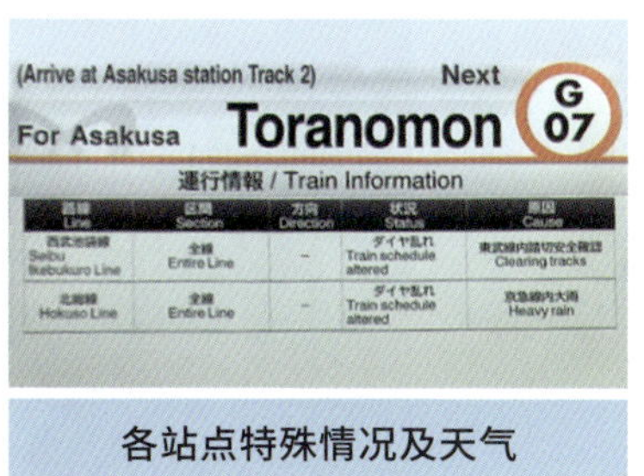

各站点特殊情况及天气

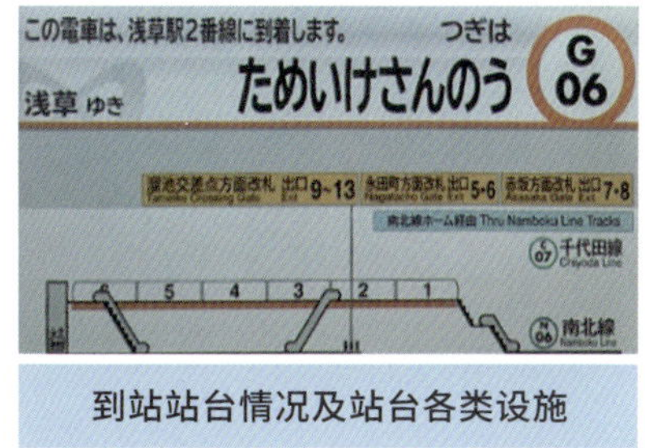

到站站台情况及站台各类设施

- 导向与空间的统一、延续，而非常见的简单方向指引。

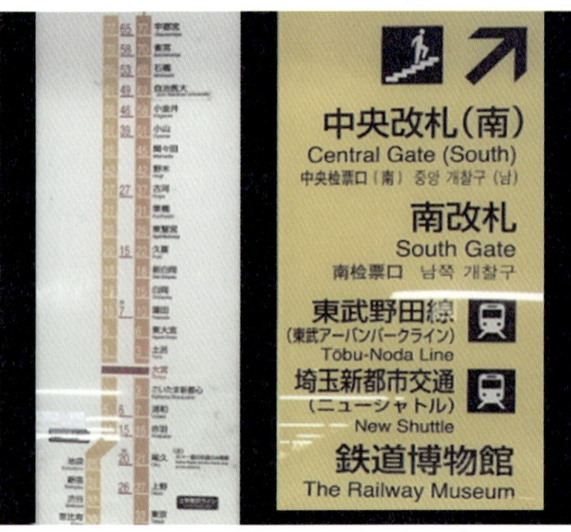

- 地下导向系统的颜色成为了一个系统。导向中的地面、字体、图形、各类标识、最终指向的目标（地铁线、建筑物）的颜色高度统一，行人可依据颜色导向。

4.8 地下大空间

常规地下空间因造价及施工工法原因，空间相对狭小，人的心理感受差。而东京地下空间规划是在充分利用土地资源、避免浪费的基础上，注重减少这种负面消极空间。

地下空间科学规划、合理利用，在地下空间的生长体系中，用发展的眼光处理消极空间。运用环境心理学和相关美学标准对相对消极的地下空间进行改善设计，为使用者创造出能够陶冶情操、轻松愉悦的积极心理感受。

地下大空间规模大、导向清晰、视线通畅，给人带来积极的心理感受，人员在此空间停留、行走、活动悠然自在。

4.9 适当超前、兼顾现实

地下空间的开发不能脱离城市经济和社会发展水平，必须结合城市总体发展战略与目标，立足实际，在综合衡量城市建设能力和实际需求的前提下，考虑规划的前瞻性和预见性，在需求预测和开发规模控制上适度超前。

如新宿地下空间为先期建设工程，地下空间预留不足，导致当前地下空间的开发与利用捉襟见肘；待到东京站新建地下通道时，对通道的空间及高度均做了较大的改善，虽然目前人员不多，但随着城市的发展，日后定可发挥作用。同时也不是盲目的扩大，考虑了空间组织和人员交通的必要性，体现了规划的前瞻性和预见性。

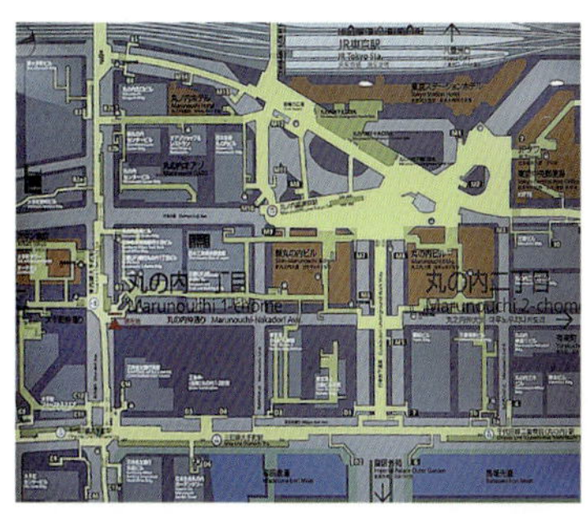

4.10 综合发展

从21世纪开始，随着建造技术的进步和运营管理方法的成熟，地下空间结构向着更为有序的网络化方向发展，地下空间与地面空间的关系已由附属和补充转变为相互依存、和谐共生。

如六本木之丘是在东京城市核心区11.6ha的坡地上，汇集了酒店、住宅、影城、电视台、艺术中心、广场、公园等大量建筑和景观设施的城市综合体，提升了整体环境的文化品位，被称为“城中城”“立体城”和“艺术城”。

随着人类城市规划设计方法和理念以及各类建设技术与管理运营手段的不断进步，高品质的人类活动“新空间”——地下城，正在逐步形成。

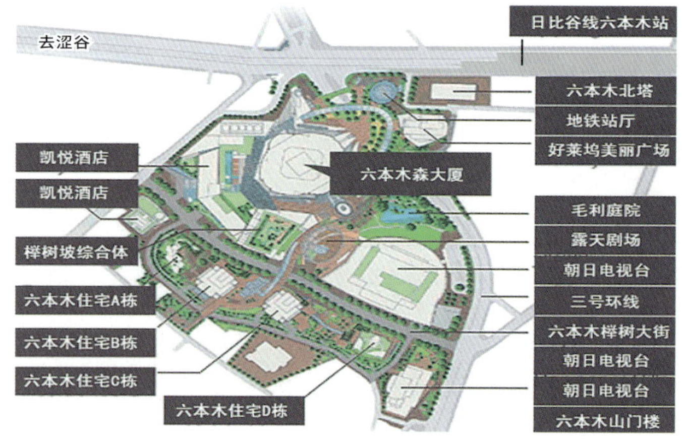

Noritake
左回り
トヨタホームリンク
TOYOTA HOME
左回り
12
SIX

05 启示与建议

ENLIGHTENMENT AND SUGGESTIONS

INVESTIGATION AND ANALYSIS OF UNDERGROUND SPACE IN JAPAN

05

5.1 启示

从日本的发展历程看，地下空间开发与利用基本规律是：多数城市地下空间开发都经历了漫长的发展过程，一般为 20 ～ 30 年，其开发与利用程度与经济实力和技术实力密切相关；市政设施、交通设施的地下化是地下空间利用的前沿和核心，其主要以解决交通和商业为主，并非解决人的居住问题；地下公共空间从点状、线状到面状逐步连通，形成网络化地下空间的进程与地下交通设施（基于地铁为骨架）的建设密不可分；地下空间规划对地下空间开发与利用的建设引导和资源管控起到了重要作用。

通过对日本地下空间考察以及与当地知名专家、学者交流，考察组受到了很多启示，值得学习借鉴。

- 日本城乡一体化规划建设，统一质量标准，工程质量要求高，工匠精神、资源节约、以人为本、可持续发展等理念体现充分。
- 日本城市地下空间开发理念、规划思路可概括为：精致与集约规划，资源节约；系统与网格规划，四通八达；生活圈与商业规划，以人为本。
- 日本地下空间的消防疏散模式、地面附属（出入口、风亭）布置、采光通风模式、导向标识、除尘降噪、安全施工、文明施工、质量管控等诸多方面，考虑充分，精细化设计与管理，精益求精。
- 由于地下空间的流线复杂，考虑不同方向视线，柱网设计多为圆柱结构，且空间网格化布局，整齐划一，导向标识清晰，灯光色彩亮丽，空气清新，环境舒适。
- 抗震设计到位，有的地下空间还设置了避难场所。
- 环境保护力度大，工程环控标准高，投入大，实施到位，利国利民。
- 项目工期较长、投资合理，有利于工程质量控制和安全管理，有利于可持续发展、健康发展。
- 风险管控体系严密，现场管控规范，安全事故较少，尊重生命。
- 日本对关键技术保护意识较强。

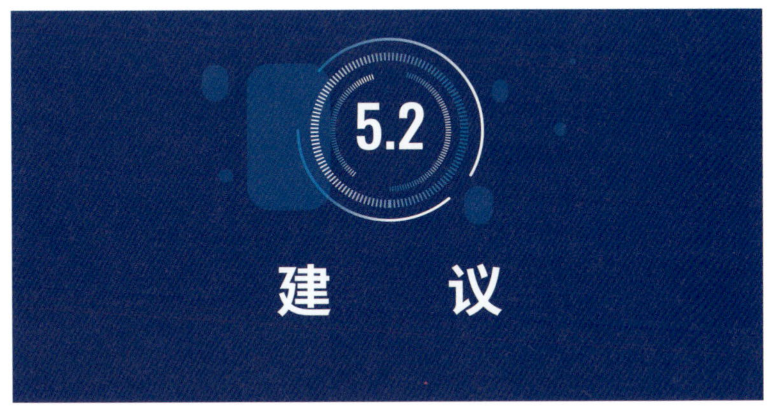

5.2 建 议

我国城市地下空间利用起于20世纪60年代末，以人民防空工程建设为主体，这种状况一直持续到20世纪80年代中期，这一时期是城市地下空间利用的初创阶段。随着国民经济发展和城市化进程加快，在我国一些大城市中，城市矛盾日益加剧，出现了对原有城市进行更新改造的客观需求，开始了以城市交通改造为推动力的城市再开发。在这一进程中，城市地下空间利用不论是数量和质量都有了相当规模的发展和提高。当前，在城市地下空间建设规模和发展速度上，我国已是名副其实的开发利用大国，但与日本地下空间开发与利用相比，还有很多需要改进的方面。

中日地下空间开发对比分析

地下空间开发	中　国	日　本
开发理念	以基本功能为主，如地铁、市政、综合管廊等	以缓解地面交通为主要目的，地下地上空间功能融合一体，共享开发，节约资源
规划水平	条块分割，各分区规划相对独立，缺乏一体化开发	根据不同区域功能需求进行合理的规划，强化规划引导
商业氛围	除个别空间外，大部分商业氛围差	结合交通节点本身的客流集散进行TOD一体化开发，地下四通八达，人流如织，商业气息浓厚
建造水平	建造速度快，过程中步序控制不够严格	建设规范化，工序标准化，验收控制严格
技术工艺	可满足基本功能需求，但工艺精细度略差	机械设备、工艺设备要求精度高，体现工匠精神
运维管理	重建设轻运维	运维阶段标准化
风险控制	粗放型建造，放大了风险概率和严重性	严格控制风险发生的概率和严重程度，管控规范，安全事故少
体制机制	地下空间相关立法不全，产权不清晰，条块分割；规划不系统，刚性执行不够	专项立法，规范管理；国土私有化，地上大量私有空间，地下45m以浅空间随地面产权；政府对地下空间开发支持力度大

党的十八大以来，中国特色社会主义进入新的发展阶段。城市地下空间开发应坚持问题导向、需求导向、目标导向，坚持“五大发展理念”，解决目前存在的共性问题，提升城市承载能力和韧性，满足人民对美好生活的向往。为推进我国城市地下空间健康、可持续发展，建议如下。

1. 立法先行

根据我国《城市规划法》《土地管理法》《物权法》《环境保护法》等现行法律法规，结合各城市的具体情况，完善我国城市地下空间开发法律法规体系，明确地下空间开发红线、物权及开发程序等，开展地下交通、地下综合管廊、地下商业等专项立法，强化部门协同，规范管理，从法治角度保障我国城市地下空间健康有序发展。

2. 规划牵引

城市地下空间规划是对城市地下空间综合性开发做出科学合理的安排，以促进城市地上、地下协同发展。由于地下工程可改造性差、技术复杂、投资大，既要警惕盲目开发对城市发展带来的负面影响，又要有长远考虑，综合统筹，留足弹性，审慎而理性地开发利用地下空间资源，应制定地下空间长期的总体规划，坚持“一张蓝图干到底”，并坚持以下原则。

◆ 功能复合

以解决城市地面交通拥堵为首要目标，从过去单一功能的地下交通开发逐步转变为集交通、商业、文化、休闲、娱乐等多种功能于一体，与城市民防、应急避难等相结合，提升地下空间利用效率，促进集约化发展。

◆ 合理分层

随着城市地下空间向深层化发展，应综合考虑规划区位、用地功能、交通与公共活动需求、气候条件、地质条件、社会经济基础等因素，划分不同深度的功能分布，用“同向归并、异向立交”的方法，将地下空间人、车分流，市政管线、污水和垃圾的处理分置于不同的层次，并考虑浅层地下空间与深部地下空间的系统规划、协同发展。

◆ 安全前置

地下空间的建设具有不可逆性，更新改造难度大，邻近施工风险大，从总体规划和详细规划层面要坚持安全前置的规划理念，规避后期建设和更新风险。

◆ 六大协调

坚持地上与地下、上下层、深浅层、近远期、聚合与分散、区块与区块的协调。

◆ 多维控制

沿道路、轨道交通线形规划，兼顾平面区块功能定位和重点区域，预留接口，先期沿主轴开发完善主要功能，后续根据需求，逐步开发周边各个地块地下空间单体，并接通已预留接口的地下主轴，形成功能互补、互善的连通空间；同时要考虑不同层次、建设时序和空间品质等多维度的规划控制。

3. 以人为本

为满足人民群众对城市地下空间安全性、舒适度、高效便捷性等品质化需求，提升城市地下空间节能、环保等绿色化品质水平。坚持“安全第一、生命至上”，建设韧性地下空间；以人的美好感受为宗旨，提升地下空间品质；以功能需求为导向，提高服务设施的便捷性；以绿色环保为要求，打造“四节一环保”的地下空间。开发地下空间需加强规划、建筑、景观、装修、导向的一体化设计。

4. 精细管理

遵循科学规律，工程建设应从规划、设计、施工、运维全寿命周期通盘考虑、合理衔接，要统筹建设标准、质量管控、工期造价等因素，不片面追求单一指标，加强精细化设计，精细化施工，精细化运维管理，细节决定成败，强化过程管控。

5. 四新技术

要加强“四新技术”的开发与应用，重点研究网络化拓建和深部地下空间开发关键技术和装备，进一步研究大跨度等特殊结构及抗震防灾技术，开展地下空间通风排烟、采光照明、新型材料、节能减排、智能运维等方面的技术研发，不断提升地下空间建造水平。

6. 网络化拓建

随着城市更新改造，城市地下空间同样面临更新改造的需要，集中体现在消除安全隐患、扩充规模能力、国土空间重构、空间品质提升及规划接续建设等。对传统的城市地下空间更新改造常采用网络化拓建的形式来实现，要重视网络化拓建的关键技术研究和装备研制，构建城市地下空间网络化安全拓建技术体系，保障实现城市地下空间相互连通、四通八达。

7. 深部开发

随着城市地下空间的开发与利用，一些重要城市的浅层地下空间开发密度增大，迫切需要向深层地下空间发展。同时，为提高城市韧性，还需要建设城市地下蓄排水、地下综合管廊等，促进地下空间功能融合，以及对资源枯竭型城市加强废弃矿洞的开发与利用等。这些都涉及深部地下空间开发，而我国深部地下空间开发与利用仍处于初级阶段，需要加强对全要素探测、全资源评价、环境保护、规划建造、安全运维等方面的系统研究，做好技术支撑。

8. 科学研究

建议国家层面设立重大专项，持续组织研究。

内 容 提 要

本书为"城市地下空间开发与利用关键技术丛书"之一。本书依托中国铁建股份有限公司承担的国家重点研发计划项目，通过对日本城市地下空间发展的历史沿革、规划理念、建造与更新改造技术、环境营造技术的考察与分析，梳理了部分典型城市地下空间案例，形成了启示与建议，可为我国城市地下空间的开发与利用提供参考借鉴。

图书在版编目（CIP）数据

日本地下空间考察与分析 / 雷升祥，丁正全，赵飞阳编著．—北京：人民交通出版社股份有限公司，2021.6

ISBN 978-7-114-17545-9

Ⅰ.①日… Ⅱ.①雷… ②丁… ③赵… Ⅲ.①城市空间—地下建筑物—研究—日本 Ⅳ.①TU92

中国版本图书馆 CIP 数据核字 (2021) 第 157979 号

Riben Dixia Kongjian Kaocha yu Fenxi

书　　名：日本地下空间考察与分析
著 作 者：雷升祥　丁正全　赵飞阳
责任编辑：谢海龙
责任校对：孙国靖　龙　雪
责任印制：张　凯
出版发行：人民交通出版社股份有限公司
地　　址：（100011）北京市朝阳区安定门外外馆斜街3号
网　　址：http：//www.ccpcl.com.cn
销售电话：（010）59757973
总 经 销：人民交通出版社股份有限公司发行部
经　　销：各地新华书店
印　　刷：北京交通印务有限公司
开　　本：787×1092　1/16
印　　张：11.75
字　　数：260千
版　　次：2021年6月　第1版
印　　次：2021年6月　第1次印刷
书　　号：ISBN 978-7-114-17545-9
定　　价：128.00元